综合实践课程教学系列丛书

中国探月工程与月球基地设计（上册）

卢飈 郑建良 张霞 著

天津社会科学院出版社

图书在版编目（C I P）数据

中国探月工程与月球基地设计 ： 上、下 / 卢飚， 郑建良， 张霞著. -- 天津 ： 天津社会科学院出版社，2022.9
（综合实践课程教学系列丛书 / 邱克稳主编）
ISBN 978-7-5563-0781-4

Ⅰ. ①中… Ⅱ. ①卢… ②郑… ③张… Ⅲ. ①月球探索－概况－中国②月球探索－航天基地－工程技术 Ⅳ. ①V1

中国版本图书馆 CIP 数据核字(2021)第 209700 号

中国探月工程与月球基地设计 ： 上、下
ZHONGGUO TANYUE GONGCHENG YU YUEQIU JIDI SHEJI ： SHANG、XIA

出版发行：天津社会科学院出版社
地　　址：天津市南开区迎水道 7 号
邮　　编：300191
电话/传真：（022）23360165（总编室）
（022）23075303（发行科）
网　　址：www.tass-tj.org.cn
印　　刷：北京盛通印刷股份有限公司

开　　本： 787×1092 毫米　1/16
印　　张： 17.75
字　　数： 305 千字
版　　次： 2022 年 9 月第 1 版　　2022 年 9 月第 1 次印刷
全套定价： 98.00 元

编委会

STEAM 理念下的航天科技

STEAM 教育起源于美国，它是由 Science（科学）、Technology（技术）、Engineering（工程）、Arts（艺术）、Maths（数学）组成的多元化、多样性的教学倡议。STEAM 教育讲究培养学生的“4C”能力，分别是 Creativity（创造力）、Critical thinking（批判性思维）、Communication（沟通能力）、Collaboration（合作能力）。

STEAM 既是一种教育理念，有别于传统的单学科、重书本知识的教育方式，又是一种重实践的超学科教育概念。任何事情的成功都不仅仅依靠某一种能力实现，而是需要多种能力配合。STEAM 注重学习过程，讲究综合能力。

中国航天事业是中华民族精神和科技创新的综合体现，学习航天 STEAM 课程，能够培养学生的学习、创新、创业和实践能力，符合立德树人要求。

引导学生认知宇宙、引入航天知识学习，并深入开展航天科技素质教育，可以帮助学生从宇宙大体系认知地球生命、认知自我，树立正确的自我人生观念；认识我国的航天科技成就和勇于探索、敢于挑战的航天精神，并将其转化为自觉学习的内在动力；以学生动手实践的知识为主体的航天科技知识，培养学生对数学、物理、化学等基础知识学科的浓厚兴趣。

同时，航天科技教育也是中学生国防教育的重要方面，能够引导学生树立远大志向，自觉肩负起建设航天乃至科技强国的使命。习近平总书记说：“探索浩瀚宇宙、发展航天事业、建设航天强国，是我们不懈追求的航天梦。”

开展航天科技教育，是践行中国梦的重要载体和成果体现。

课程导学

欢迎读者走进《中国探月工程与月球基地设计》的世界，在这个世界里，你是一名观察员、一名设计师、一名创造家。

本书将向你全面展示月球的基本情况以及月球上的相关资源，之后你将会了解我国对月球的探测情况及我国探月工程的基本情况，最后，展望未来——搭建月球基地。你们将以小组为单位，选址搭建月球基地，并设计月球基地的结构和功能。

漫漫探索路上，你一定会遇到很多困难，但请不要放弃，一往无前地走下去吧，相信你一定会收获许多新知识！

此外，本门课程还对应涉及到高中地理选择性必修1—自然地理基础中地球运动的地理意义及问题研究：人类是否需要人造月亮，高中物理必修课第二册中行星的运动等相关知识。希望你在本书的学习过程中，可以温故知新。

本书中所涉及的图片、表格部分来自《载人月球基地工程》《深空探测——月球探测》、月宫一号官方网站及百度百科。

本书中的部分观点借鉴于《载人月球基地工程》《深空探测——月球探测》及月宫一号官方网站。

目　录

第一章
走近月球

“明月几时有，把酒问青天，不知天上宫阙，今夕是何年”。古往今来，人们对月球充满了无尽的遐想。我国自古流传着“嫦娥奔月”“吴刚伐桂”“玉兔捣药”等美丽的神话故事。随着航天科技的发展，已经有多个航天器在月球上着陆。2020年，中国的嫦娥五号从月球携带月球样本返回地球，拉开了我国对月球成因及历史变迁的科学研究的帷幕。月球是地球唯一的天然卫星，那么月球究竟是什么样子呢，本章我们将一起走近月球，了解月球情况。

第一节 制作月球资料卡

问题引入

“江天一色无纤尘，皎皎空中孤月轮。”张若虚的《春江花月夜》以月为主体，以江为场景，描绘了一幅幽美静远的春江月夜图，继而发出了“江畔何人初见月？江月何年初照人？”的冥思遐想，那么每当看到高挂夜空的月亮，你会想到什么呢？你对月球有多少了解呢？

小组活动

本课程我们将采用分组的方式一起学习、讨论和实践，因此，我们先要建立“月球探测团队”，需要确定的是团队名称、团队口号和团队标识。

组队要求：

每组 4 ～ 5 人，自愿组成。

每组自行选出组长。

确定组长以后，组长组织大家确定本小组的名称、口号及标识。

组队建议：

团队成员擅长的领域尽量有所侧重，当出现一名同学被多个小组选中时，可进行小组展示来争取该名同学的信任，加入到自己小组，团队可以以项目组、工程组或商业公司的形式进行分工。

小组任务：

查找相关资料，制作月球资料卡。内容可以是月球的成因、月球的地形地貌、月球所处的环境或月球自身的环境等。以小组为单位进行展示。

活动建议：

可以团队成员一起绘图，也可以通过软件进行制图，也可以进行照片粘贴配合文字说明。

纸张规格建议选取 A3 大小的纸型（297 毫米 × 420 毫米）。

文献链接

一、月球基本情况

月球，俗称月亮，是环绕地球的一颗卫星。它是地球唯一的一颗天然卫星，也是离地球最近的天体，与地球之间的平均距离约为 38.4 万千米。

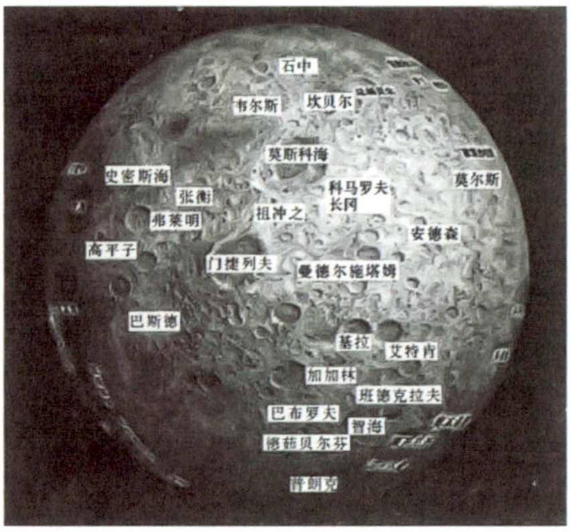

图 1-1 月球

月球是被人们研究得最彻底的天体。人类迄今为止第二个亲身到过的天体就是月球，月球的年龄大约有 46 亿年。

月球与地球一样有壳、幔、核等分层结构。最外层的月壳平均厚度约为 60 ～ 65 千米。月壳下面到 1 000 千米深度是月幔，它占了月球的大部分体积。月幔下面是月核，月核的温度约为 1 000 摄氏度，很可能是熔融状态的。

月球直径约为 3 476.28 千米，大约是地球的 3/11、太阳的 1/400，月球到地球的距离相当于地球到太阳距离的 1/400，所以从地球上看月亮和太阳一样大。月球的体积大概有地球的 1/49，质量约 7.35×10^{22} 千克，差不多相当于地球质量的 1/81 左右，月球表面的重力约是地球重力的 1/6。

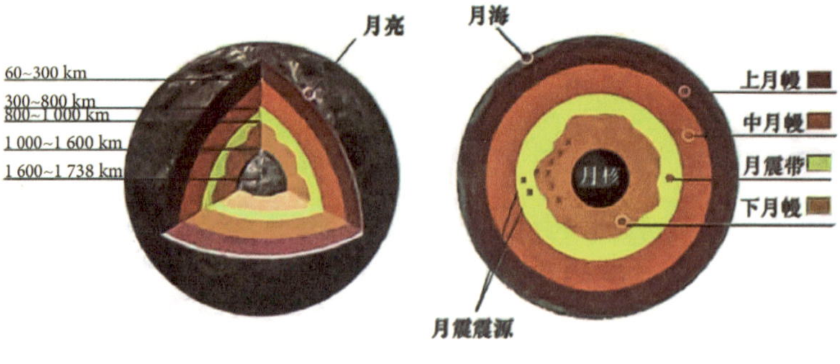

图 1-2 月球结构

月球永远都是一面朝向地球，这一面习惯上被我们称为“月球的正面”；另外一面，除了在月球表面边沿附近的区域因天平动而中间可见以外，月球的背面绝大部分不能从地球看见。

人类对月相每 29.5 天的轮回变化着迷了若干个世纪。月相的变化是由于月球在环绕地球公转时，太阳照亮月亮部分的大小不同而产生的。见图 1-3。

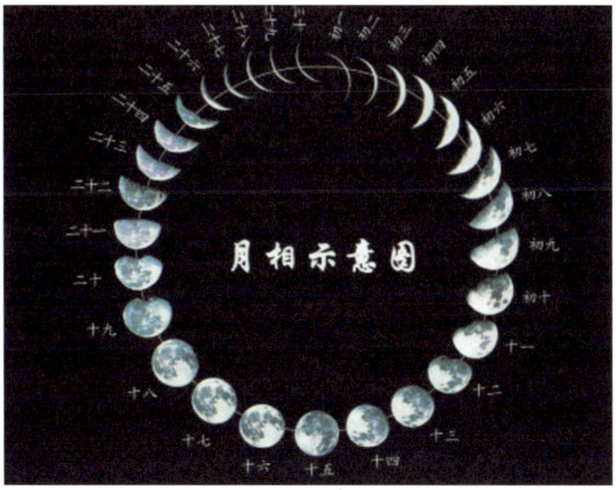

图 1-3 月相

月食是一种特殊的天文现象，指当月球运行至地球的阴影部分时，在月球和地球之间的地区会因为太阳光被地球所遮闭，就看到月球缺了一块。此时的太阳、地球、月球恰好（或几乎）在同一条直线上。

月食每年发生 2 ～ 3 次，月食中的月球不会完全变黑。地球大气折射的太阳光会使月球呈现出像落日样的橘红色。月食可以分为月偏食、月全食和半影月食三种。

图 1-4 月食

二、月球地形地貌

月球上到底有什么？总想知道月球究竟是什么样子，也很想知道“桂花树”究竟是怎样的形态。吴刚一刻不停地砍树，但砍完这棵树又复原，究竟是什么力量使桂花树永远没有办法被砍倒？神话故事中月亮上有广寒宫，嫦娥在那里孤独地生活，只有一只玉兔陪伴她。那么究竟月球是什么样的呢？月球表面有阴暗的部分和明亮的区域，阴暗的部分称为“月海”，明亮的部分称为“山脉”。

图 1-5 嫦娥奔月

（一）月海

月海是月球上大块、呈黑色的玄武岩平原，推测是很久以前火山爆发的产物。月海，拉丁文为“Mare”，含义为海，但事实上其并非月球表面的海洋。其之所以被称之为“海”，是因其组成元素富含铁，反照率比其他地方要低，早期的观察者裸眼发现月面有部分地区较暗，而在当时无法清晰观察到月球表面的情况下，观察者们按照其对地球的认识，猜测该地区为海洋，著名的有云海、湿海、静海等。大多数月海大致呈圆形或椭圆形，且四周多被一些山脉封闭住，但也有一些“海”是连成一片的。

传统意义上的月海还包括月洋、月湖、月沼、月湾，月湖、月沼、月湾的面积明显小于月海，但物质组成成分基本相同。月海的名称，常以与天气或心境相关的名词来命名。只有位于月面边缘的一些小月海用人名进行命名，如洪堡德海和史密斯海。

（二）环形山

月球上坑坑洼洼的表面是距今 38 亿到 41 亿年前受到宇宙中岩石的强烈撞击

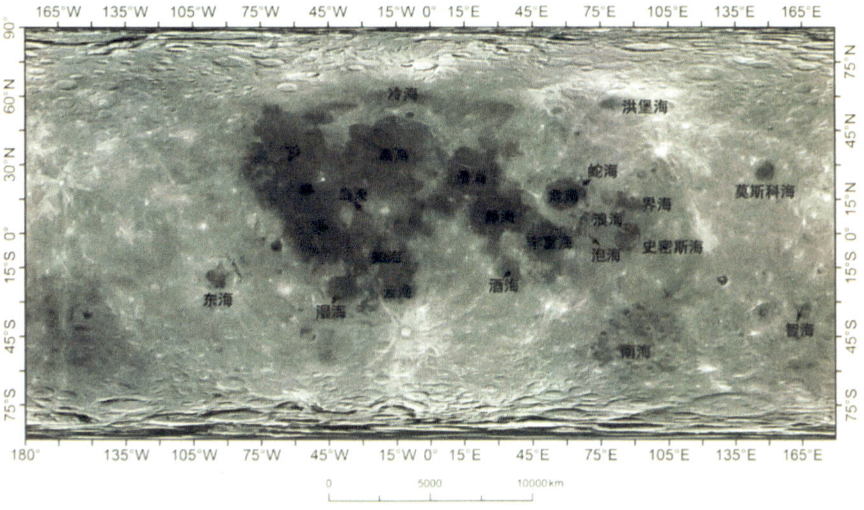

图 1-6 月海分布

而形成的。这一强烈的岩石冲击留给月球的是表面遍布的坑洞，科学家称之为环形山。

环形山这个名字是伽利略起的。月球上最大的环形山是月球南极附近的贝利环形山，直径 295 千米，比海南岛还大一点。小的环形山甚至可能是一个几十厘米的坑洞。月球直径不小于 1 千米的环形山大约有 33 000 个，占月面表面积的 7% ～ 10%。从勘探中发现，月球上总共有 30 多万座环形山，星罗棋布，彼此环抱，最大的环形山直径近 300 千米、海拔高达 6 千米以上，十分壮观。月球表面的每一座环形山、每一处陨石坑都是在漫长的时间中经历各种陨石的撞击以及其他破坏而形成的。

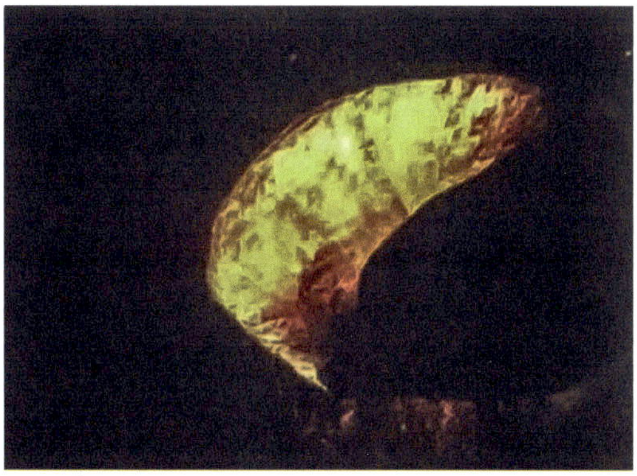

图 1-7 环形山

（三）月陆和山脉

月面上高出月海的地区称为月陆，一般比月海水平面高 2 ～ 3 千米，由于它返照率高，因而看来比较明亮。在月球正面，月陆的面积大致与月海相等，但在月球背面，月陆的面积要比月海大得多。通过同位素测定知道月陆比月海形成时间早很多，是月球上最古老的地形特征。

在月球上，除了犬牙交错的众多环形山外，也存在着一些与地球上相似的山脉。月球上的山脉常借用地球上的山脉命名，如阿尔卑斯山脉、高加索山脉等等，其中最长的山脉为亚平宁山脉，绵延 1 000 千米，但高度只比月海水平面高三四千米。月球上的山脉有一普遍特征：两边的坡度很不对称，向海的一侧坡度甚大，有时为断崖状，另一侧则相当平缓。

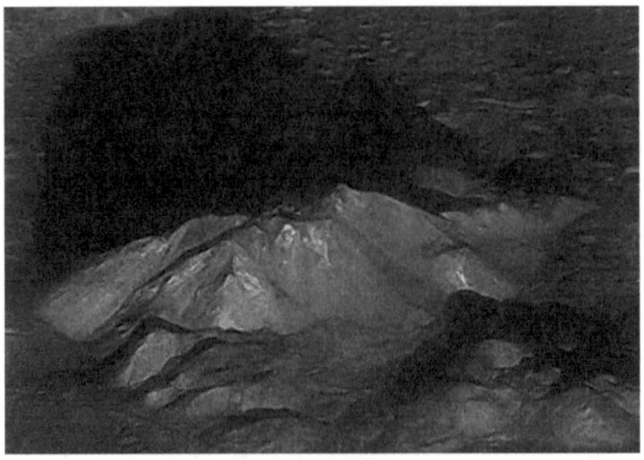

图 1-8 月球山脉

（四）月谷

地球上有着许多著名的裂谷，如东非大裂谷。月面上也有这种构造—那些看来弯弯曲曲的黑色大裂缝即是月谷，它们有的绵延几百到上千千米，宽度从几千米到几十千米不等。那些较宽的月谷大多出现在月陆上较平坦的地区，而那些较窄、较小的月谷（有时又称为月溪）则遍布月陆上。

最著名的月谷是在柏拉图环形山的东南连结雨海和冷海的阿尔卑斯大月谷，它把月球上的阿尔卑斯山拦腰截断，很是壮观。从太空拍到的照片估计，它长达 130 千米，宽 10 ～ 12 千米。

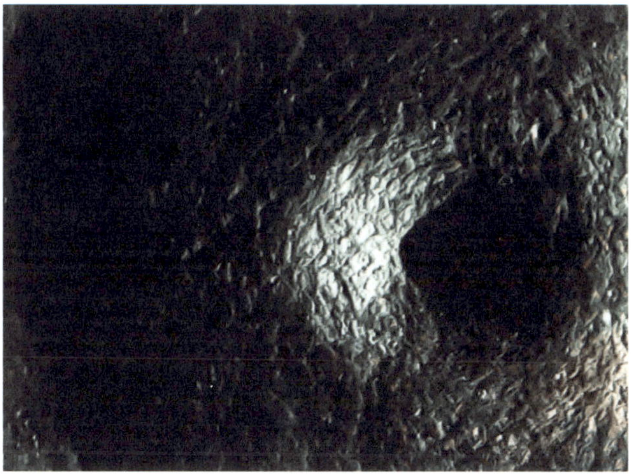

图 1-9 月谷

（五）月面辐射纹

月面上还有一个主要特征是一些较“年轻”的环形山常带有美丽的“辐射纹”这是一种以环形山为辐射点的向四面八方延伸的亮带，它几乎以笔直的方向穿过山系、月海和环形山。辐射纹长度和亮度不一，最引人注目的是第谷环形山的辐射纹，最长的一条长 1 800 千米，满月时尤为壮观。其次，哥白尼和开普勒两个环形山也有相当美丽的辐射纹。

据统计，具有辐射纹的环形山有 50 个。实质上，形成辐射纹的原因与环形山的形成理论密切联系。现在许多人都倾向于陨星撞击说，认为在没有大气和引力很小的月球上，陨星撞击可能使高温碎块飞得很远。而另外一些科学家认为不能排除火山的作用，火山爆发时的喷射也有可能使环形山形成四处飞散的辐射形状。

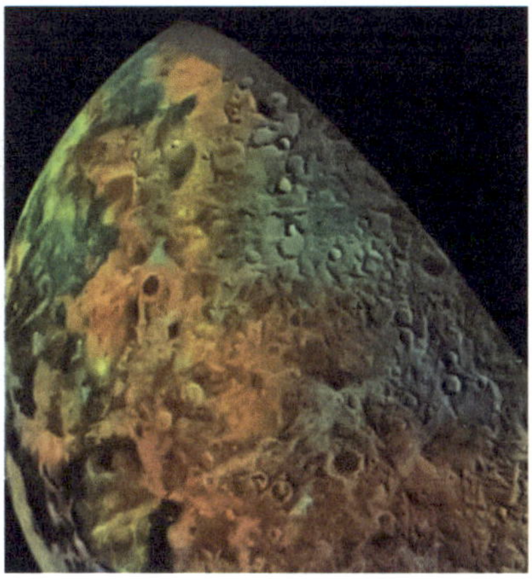

图 1-10 月面辐射纹

三、月球运动

（一）轨道运动

月球以椭圆轨道绕地球运转。这个轨道平面在月球上截得的大圆称“白道”。白道平面不重合于天赤道，也不平行于黄道面，而且空间位置不断变化。月球绕地球的公转周期是173日。月球自传轨道（白道）对地球公转轨道（黄道）的平均倾角为5°9’。

（二）月球自转

月球在绕地球公转的同时进行自转，周期27.321 66日，正好是一个恒星月，所以我们看不见月球背面。这种现象我们称“同步自转”，几乎是卫星世界的普遍规律。一般认为是行星对卫星长期潮汐作用的结果。天平动是一个很奇妙的现象，它使得我们得以看到59%的月球表面。主要有以下原因：

1. 在椭圆轨道的不同部分，自转速度与公转角速度不匹配。

2. 白道与赤道间周期性变化的交角。

（三）月球章动

月球的自转轨道平面（白道面）与地球的公转轨道平面（黄道面）保持5.145 396°的夹角，而月球自转轴与黄道面的法线成1.5 424°的夹角。因为地球并非完美球形，而是在赤道较为隆起，因此白道面在不断进动（即与黄道的交点在顺时针转动），每6 793.5天（约18.5 966年）完成一周。期间，白道面相对于地球赤道面（地球赤道面以23.45°向黄道面倾斜）的夹角会在28.60°（即23.45°+5.15°）至18.30°（即23.45°-5.15°）之间变化。同样地，月球自转轴与白道面的夹角亦会在6.69°（即5.15°＋1.54°）3.61°（即5.15°-1.54°）范围内。月球轨道这些变化又会反过来影响地球自转轴的倾角，使它出现+0.00 256°的摆动，称为章动。

（四）地月作用

地球与月球互相绕着对方转，两个天体绕着地表以下1 600千米处的共同引力中心旋转。月球的诞生，为地球增加了很多的新事物。月球绕着地球公转的同时，其特殊引力吸引着地球上的水，同其共同运动，形成了潮汐。潮汐为地球早期水生生物走向陆地，帮了很大的忙。

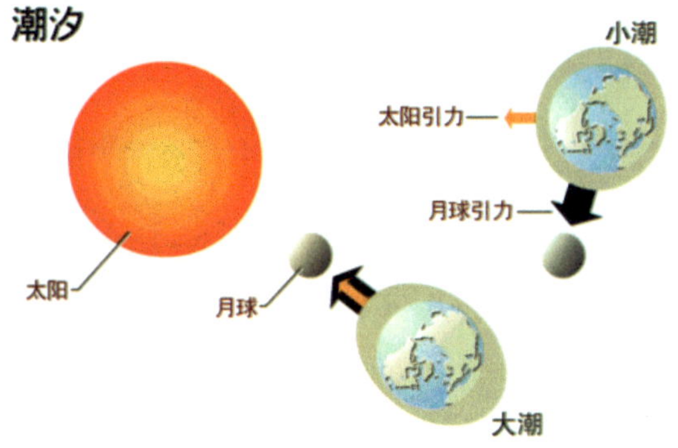

图 1-11 月球引力引起潮汐

（五）天平动

因为月球的自转周期和它的公转周期是完全一样的，所以地球上只能看见月球永远用同一面朝向地球。自月球形成早期，地球便一直受到一个力矩的影响导致自转速度减慢，这个过程称为潮汐锁定。亦因此，部分地球自转的角动量转变为月球绕地球公转的角动量，其结果是月球以每年约 38 毫米的速度远离地球。同时地球的自转越来越慢，一天的长度每年变长 15 微秒。

从地球上看月亮，看到的月球表面并不是正好为它的一半，这是因为月球像天平那样摆动。地球上的观测者会觉得：在月球绕地球运行一周的时间里，月球在南北方向来回摆动，即在纬度的方向像天平般地摆动，这被称为“纬天平动”，摆动的角度范围约 6°57’；月球在东西方向上，即经度方向上来回摆动的现象，被称为“经天平动”，摆动角度达到 7°54’。除去这两种主要的天平动，月球还有周日天平动和物理天平动，前三种天平动都并非月球在摆动，是因为观测者本身与月球之间的相对位置发生变化而产生的现象。只有物理天平动是月球自身在摆动，而且摆动幅度很小。

由于月球轨道为椭圆形，当月球处于近地点时，它的自转速度便追不上公转速度，因此我们可见月球表面东部达东经 98° 的地区，相反，当月球处于远地点时，自转速度比公转速度快，因此我们可见月球表面西部达西经 98° 的地区，这种现象称为经天平动。又由于月球轨道倾斜于地球赤道，因此月球在星空中移动时，极区会做约 7° 的晃动，这种现象称为天平动。再者，由于月球距离地球为 60 倍地球半径，若观测者从月出观测至月落，观测点便有了一个地球直径的位移，可多见月球表面经度 1° 的地区。

月球对地球所施的引力是潮汐现象的起因之一。月球围绕地球的轨道为同步轨道，但所谓的同步自转并非严格。

第二节　月球资源清单

问题引入

我们在八年级地理地球自然资源一章学到过地球上的自然资源分为再生资源和不可再生资源，随着人口的增长和经济的发展，人类对自然资源的需求不断增加，那么地球上的不可再生资源都有哪些呢？月球上有没有可以替代的资源？

小组活动

活动主题：

建立月球资源清单。

活动建议：

小组查阅资料后进行讨论，初步确立月球资源清单。

组长根据清单情况，将查找月球资源的任务有条理的分配并布置给小组成员。

小组成员对清单内容进行详细的拆解，查找资料后整理出相关知识点。

小组成员将查找提炼的知识点进行整合。

设计出本小组的月球资源清单。

活动成果：

各小组制作出月球资源清单，清单呈现方式可以有多种形式，手绘、用软件绘制、人员演示或者其他方式均可。

文献链接

一、月球资源利用评估

地球上的资源是有限的，且随着人类的开采和利用而逐渐减少，为此人类需要寻找新的资源来源。由于月球是离地球最近的天体，因此月球资源是最有可能被人类利用的地球外资源。

目前，人类通过无人月球探测器和载人登月获取了一定数量的月球样品，但离利用月球资源的目标还有巨大的差距。

此外，地月运输成本高昂，且运输量也有一定限制，故开发利用月球资源最好的方式是建设月球基地，在月球上就地对资源进行探测、开采和提取。与此同时，开发和利用月球资源对于月球基地自身的发展和运营也十分重要。只有充分利用月球资源，月球基地才可能达到自给自足的目标，节省建设和运营的成本。

表 1-1 月球资源概览

	资源	潜在应用
月球资源	太阳辐射	能源
	真空	材料加工
	低重力	材料加工
月表资源	水冰	推进剂、生命保障
	氧	推进剂、生命保障
	氢	推进剂、反应物、制水
	氦 -3	热核发电
	月壤	防辐射
	金属	工厂和设备的构建
	非金属	太阳能电池和其他设备
	熔岩管	热防护、辐射防护

月球上有丰富的矿藏，月球上稀有金属的储藏量比地球的还多。月球上的岩石主要有三种类型：第一种是富含铁、钛的月海玄武岩；第二种是斜长岩，富含钾、稀土和磷等，主要分布在月球高地；第三种主要是由 0.1 ～ 1 毫米的岩屑颗粒组成的角砾岩。月球岩石中含有地球上已知的全部元素和 60 种左右的矿物，其中 6 种矿物是地球没有的。

利用月球资源首先要关心的是月球资源的应用前景和可利用性。对于月球基地建设和运营，可利用的资源主要是月表资源。

（一）水

1. 应用前景

图 1-12 水

水是生命之源，是月球上航天员生存的基础，航天员每天都需要饮入一定量的水以维持生命。通过电解，还可将水分离为氢和氧，其中氢气可作为发动机推进剂，氧气可供航天员呼吸使用。

综上所述，水是人类开发利用月球资源的前提。若通过地月运输将水从地球运送到月球上，运输成本巨大，且将直接影响月球基地的建设规模和月球资源开发利用的进程。因此，必须充分利用月球自身的水资源。

2. 可用性评估

月球存在水冰的设想最早是由美国科学家沃森（Watson）等于 1961 年提出的。他们认为月球极地一些撞击坑底部存在太阳照射不到的永久阴影区。原始月球脱气作用产生的水及彗星和小行星撞击月球携带的水在永久阴影区的低温下可能以水冰的形式保存在月表物质中，形态为冰尘混合物。

2008 年以来，新的探测数据和研究成果等多项证据有力地支持了月球上有水的观点。2008 年，阿波罗月球样品中的火山玻璃珠被检测出含有少量的水，且玻璃珠内核的含水量高于外环；2009 年 11 月，与月球勘测轨道器一同发射的月球陨坑观测与遥感卫星撞击月球过程中获得的探测数据分析结果表明，撞击目标凯布斯坑中含有水；2010 年 3 月，在含有磷灰石的阿波罗岩石样品中检测到了水；2010 年 3 月，由美国国家航空航天局研制并搭载在印度月船 -1 探测器上的微型雷达月球矿物制图仪探测到了月球存在水冰的证据。

图 1-13 月球水冰分布区域

注：左图为南极地区，右图为北极地区；灰色部分为月球表面，颜色越深表示温度越低；蓝色部分表示月球水冰分布区域

3. 其他水资源的利用

除了从水冰中提取水资源外，通过开发钛铁矿也可获取水资源。月海玄武岩中钛铁矿含量高达 25%（体积含量），钛铁矿不仅可用于制备铁、钛和氧气，其与

氢反应也可生成水，是月球基地获取水资源的重要方式。消耗 1 吨钛铁矿和 0.013 吨氢气，就可生成 0.12 吨水。按照月壤厚度 40 厘米计算，生产 1 吨水，大约需要 10 吨钛铁矿，只需开采 220 平方厘米的月海区月壤。

（二）氧

1. 应用前景

月球上氧的主要应用是作为航天器发动机推进剂中的氧化剂。此外，氧还可以用于生命保障支持系统。

2. 可用性评估

（三）氢

月球上没有自由氧存在，氧的获取必须从硅酸盐或金属氧化物中提取。若要从钛铁矿中制氧，需要对高钛的岩石或月壤进行浓缩。

1. 应用前景

月球上氢的应用设想可分为三类：作为液氢或氢基推进剂；作为月壤中提取氧的反应物；制水。

2. 可用性评估

氢是太阳风的主要成分，月壤中的含量为 50×10^{-6} ～ 100×10^{-6} 微克 / 克，因此需要加工大量的月壤才可获得少量的氢。尽管月壤中氢的含量较少，但其提取方法较简单，只需通过简单加热便可获得。

（四）氦-3

1. 应用前景

氦-3 应用是作为热核反应的燃料。与地球上使用的氘、氚传统热核聚变燃料相比，氦-3 在核聚变反应中主要产生高能质子而不是中子，不会产生放射性影响。同时氦-3 本身也没有放射性，有利于环境保护。

2. 可用性评估

氦-3 作为一种太阳风挥发物，主要存在于月壤颗粒中，含量约为 0.8 ～ 7.6 微克 / 克。尽管如此，与地球相比，月球上氦-3 的含量仍属巨大。由美国阿波罗号和苏联月球号（Luna）探测器带回的月球样品的测量结果可知，月球上氦-3 的储存量为 0.15×10^{6} ～ 1.53×10^{6} 吨，而地球上可提取的氦-3 仅有 15 ～ 20 吨 。

（五）月壤

1. 应用前景

月壤的应用可以分为三类：用大量月壤进行月球基地的防护；用月壤制作玻璃或陶器；对月壤进行分离加工后作为提炼其他元素的原料。

2. 可用性评估

月壤是月球上大面积分布的最具可用性的资源。月壤含有多种矿物成分，但月壤颗粒很难进行分离。可用颗粒精选的方式对月壤进行加工，以提高某种成分的含量。

图 1-14 月壤

（六）铁

1. 应用前景

铁可作为月球基地的结构材料。铁不用单独进行提取，在利用钛铁矿制氧过程中，铁是一种副产品，可进行大量生产。

2. 可用性评估

铁存在于很多月球矿石中，甚至月壤中也存在很多铁的颗粒或碎片。月壤中的铁一般是由微流星体撞击月球形成的极小碎片组成，可以利用磁分离的方法从月壤中分离铁。此外，在月球上铁主要以钛铁矿的形式存在。

（七）铝

1. 应用前景

铝可以作为一种金属涂料来使用，甚至可以作为航天器发动机的推进剂。

2. 可用性评估

月球上铝的来源主要是长石矿中的斜长石。该矿石大量存在于月球高地地区的矿物碎块、月壤玻璃物质，以及斜长岩中。但铝的提取过程非常复杂，只有当月球基地发展到一定规模时，才足以支持铝的提取和制造。

（八）克里普岩

克里普岩是月球高地三大岩石类型之一，因富含钾、稀土元素和磷而得名。克里普岩在月球上分布很广泛。

富含钍和铀元素的风暴洋区的克里普岩被后期形成的月海玄武岩所覆盖，克里普岩混合并形成高钍和铀物质，其厚度估计有 10 ～ 20 千米。风暴洋区克里普岩中的稀土元素总资源量约为 225 ～ 450 亿吨。克里普岩中所蕴含的丰富的钍、铀也是未来人类开发利用月球资源的重要矿产资源之一。

此外，月球上还蕴藏有丰富的铬、镍、钠、镁、硅、铜等金属矿产资源。

第三节 评估与总结

评估测试题

1. 我们在高中地理必修 1“自然地理基础”课程中学过地球的地形和地貌，那么将对地球的分析带入到月球上来，试着分析一下月球的地形地貌吧。

____

____

____

2. 在制作了月球资源清单以后，你认为月球上有哪些资源是可以开采的，为什么？

____

____

____

3. 通过本章的学习，说一说你对月球的印象有了哪些改观？

____

____

____

本章总结

本章我们了解了月球概况、学习了月球的地形地貌、探究了月球运动的几种方式。以下几个重点，一起回顾吧！

◆ 月球概况：年龄 46 亿年、距地球的平均距离 38.4 万千米、直径 3 476.28 千米、表面重力是地球表面重力的 1/6。

◆ 月球地形地貌：月海、环形山、月陆和山脉、月谷、月面辐射纹。

◆ 月球运动：轨道运动、月球自转、月球章动、地月作用、天平动。

◆ 月球有丰富的矿藏。

◆ 月球上的岩石：海玄武岩、斜长岩、角砾岩。

第二章

中国探月历程

“无言独上西楼，月如钩。寂寞梧桐深院锁清秋。”出自南唐后主李煜的《相见欢》。古往今来，在许多诗词中，大家借月抒发情感。古有“嫦娥奔月”，今有奔月的“嫦娥”，中国月球探测工程名为“嫦娥工程”，自2004年立项以来，对月球开展了多次探测，嫦娥四号更是实现了人类历史上首次在月球背面软着陆，嫦娥五号也带回了1731克珍贵的月壤。本章我们一起了解我国对月球的探测历程。

第一节 飞升之路

问题引入

中国运载火箭命名为“长征”系列运载火箭，其中一层意思是说要从地球发射航天器到太空就像红军长征一样，需要克服重重艰难险阻。那么月球探测器“嫦娥”的发展历程是什么样的呢？

小组活动

活动主题：

模拟“嫦娥”的飞升之路。

活动建议：

小组从“嫦娥一号”“嫦娥二号”“嫦娥三号”“嫦娥四号”“嫦娥五号”中选择一个作为本次模拟的对象。模拟形式可以选择人体模拟、动画模拟、绘画模拟的形式。若选择人体模拟，需有一人作为旁白进行解说。开始前组长做好分工。在完成“嫦娥”飞升之路的模拟之后，小组成员可以查阅相关资料，了解每一次“嫦娥”的任务有何不同，“嫦娥”与“玉兔”所携带的科学仪器有何不同。

活动成果：

理解“嫦娥”探测器的变轨过程，在过程中了解天体物理知识，了解历次探月任务以及将来的月球探测趋势。

文献链接

一、中国探月工程历程

我国自 20 世纪 60 年代中期就开始着手月球科学领域的研究。1978 年美国总统卡特向我国赠送了 1 克月球岩石样品，我国科学家对其中的 0.5 克进行了研究分析。

90 年代初期和中期，我国开展了两次探月方案论证，均因当时航天测控通信能力和国家财力不足而搁浅。随着我国经济和航天技术的发展，面对日本、印度竞相开展月球探测的严峻形势，90 年代末原国防科工委再次组织专家论证，提出了“绕、落、回”三步走的无人月球探测规划。一期工程：2007 年实现绕月探测；二期工程：2013 年前后实现月面软着陆探测与巡视勘察；三期工程：2020 年前实现月面采样返回。党中央、国务院 2004 年批准一期工程立项，拉开了我国深空探测的帷幕。

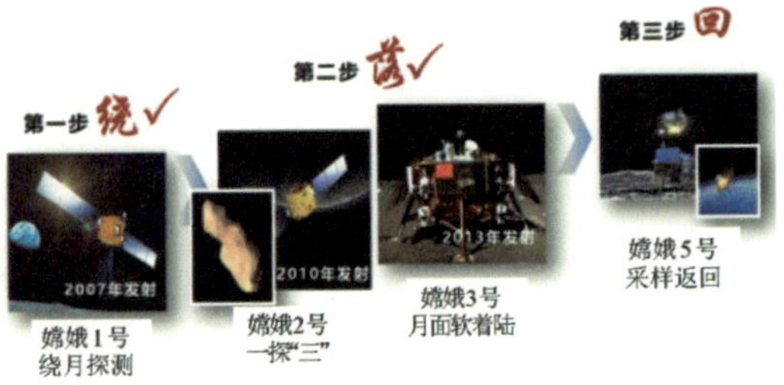

图 2-1 探月工程三步走

从 2004 年立项到 2020 年收官，先后完成了“嫦娥一号”“嫦娥二号”“嫦娥三号”月地高速再入返回试验、“嫦娥四号”和“嫦娥五号”共 6 次任务，实现了“六战六捷”。

（一）嫦娥一号

“嫦娥一号”实现绕月探测。“嫦娥一号”2007 年 10 月 24 日在西昌卫星发射中心成功发射，在 200 千米环月轨道上绕月飞行，获取了我国首幅月面图像和 120 米分辨率全月球立体影像图，以及月球表面 14 种元素含量和物质分布特点等大量科学探测数据，圆满完成“绕”月任务。2009 年 3 月 1 日受控撞月，在轨工作 494 天，实现了 38 万千米的远程测控通信，掌握了绕月探测技术，初步构建了月球探测的航天工程体系，成为我国继“东方红一号”卫星和“神舟五号”飞船之后航天发展的第 3 个里程碑，实现了中华民族飞天揽月的千年夙愿。

图 2-2 嫦娥一号卫星

图 2-3 中国第一幅月面图像

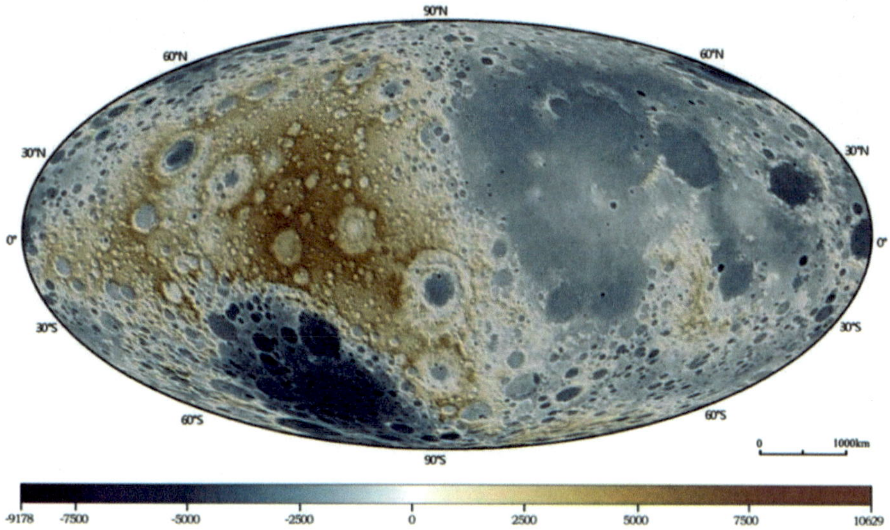

图 2-4 全月面立体图

（二）嫦娥二号

“嫦娥二号”首次实现“一探三”。“嫦娥二号”卫星于 2010 年 10 月 1 日成功发射，在 100 千米环月轨道上，对全月球进行了高精度立体成像，并降至 15 千米的近月轨道，对“嫦娥三号”预选着陆区进行了详查；2011 年 8 月，飞抵距地 150 万千米的日—地拉格朗日 L2 点，开展了环绕 L2 点的空间探测；又于 2012 年 12 月，飞抵距地 700 万千米处，实现了与 4179 号（图塔蒂斯）小行星的交会飞越探测，首次获得了该小行星的高清图像。实现了用一颗卫星对月球、日—地 L2 点和小行星的多目标探测，即“一探三”。首次获得 7 米分辨率全月球影像图；发现了月表铬元素、微磁层、太阳风加减速等现象；使我国成为继美欧之后第 3 个实现日—地 L2 点和继美日欧之后第 4 个实现小行星探测的国家。目前,“嫦娥二号”已成为我国第一颗也是唯一一颗绕太阳飞行的人造行星，创造了中国航天器数亿公里的最远飞行纪录。

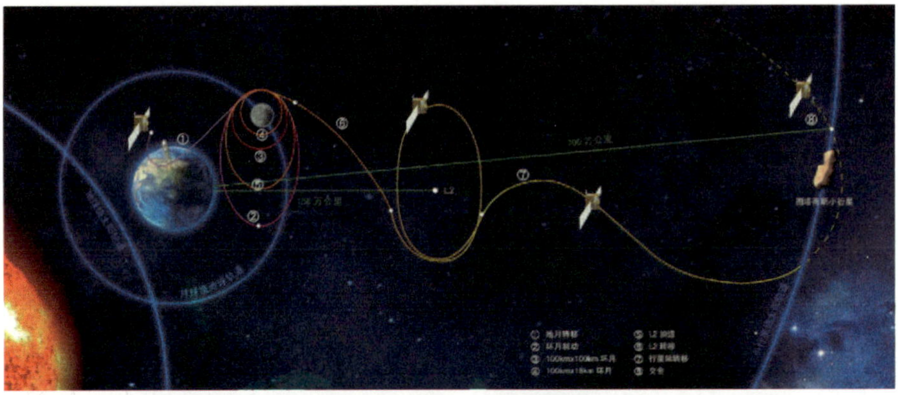

图 2-5 “一探三”飞行轨道

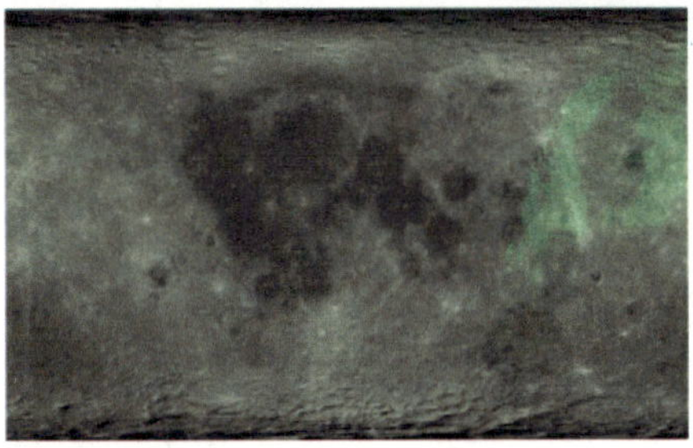

图 2-6　7 米分辨率全月图

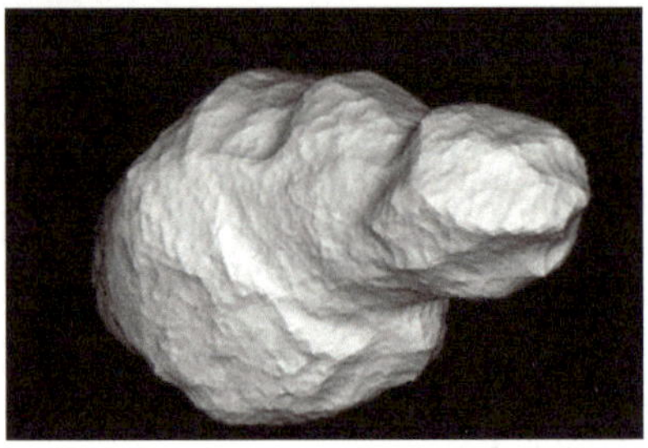

图 2-7　4179 号小行星

（三）嫦娥三号

“嫦娥三号”实现了月球着陆探测。“嫦娥三号”探测器于 2013 年 12 月 2 日成功发射，13 天后在月球西经 19.5°、北纬 44.1° 的虹湾区精准着陆，着陆器与“玉兔号”月球车成功分离、两器互拍，并分别开展了月面巡视和就位探测，圆满完成“落”月任务。实现了多个国际首次：采用全自主避障的软着陆技术，结束了国际上无人月球探测盲降的历史；采用月球 1/6 低重力下核热源的能量控制技术，保障了探测器在负 190 摄氏度极低温度环境下的长时间月夜生存；实现了在月球上同时开展“测月、巡天、观地”科学探测，获取了大量宝贵的原始科学数据；首次研制建设了天线最大口径达 66 米的大型地面深空测控通信网，实现了我国深空测控距离由几十万千米到数亿千米的重大跨越；一批中国元素被历史性地永远镌刻在月球上，“嫦娥三号”落月点被命名为“广寒宫”，五星红旗第一次在月球上熠熠生辉。

图 2-8 嫦娥三号着陆器

图 2-9 玉兔号月球车

（四）嫦娥四号

“嫦娥四号”实现了人类首次月球背面着陆探测。2018 年 5 月 21 日，承担中继通信任务的“鹊桥号”中继通信卫星成功发射，进入地—月拉格朗日 L2 点使命轨道；搭载发射的国际首颗自主奔月的科学试验微卫星——“龙江号”，实现了绕月探测。2018 年 12 月 8 日探测器成功发射，2019 年 1 月 3 日成功着陆在月球背面预选着陆区，着陆器与“玉兔二号”月球车分离、两器互拍，开展就位和巡视探测，任务取得圆满成功。

首次利用卫星中继通信，支持探测器在月球背面着陆和巡视探测，是人类航天发展又一新的突破；直至第二十四个月昼结束，月球车共行走 589.6 米，获取了月球背面高清影像图，开展了巡视区的科学探测，揭开了古老月背的神秘面纱；实现了空间同位素热 / 电源的研制和成功应用，使我国成为继美、俄之后第 3 个掌握核同位素热 / 电源空间应用的国家，并首次精确测量了月夜的最低温度负 196 摄氏度，打破了以往（最低温度负 180 摄氏度）的认知；首次开展了月基低频射电观测和生物科普试验；首次搭载了多个国家的科学仪器，开展了中外联合探测。

图 2-10 嫦娥四号着陆器

图 2-11 玉兔二号月球车

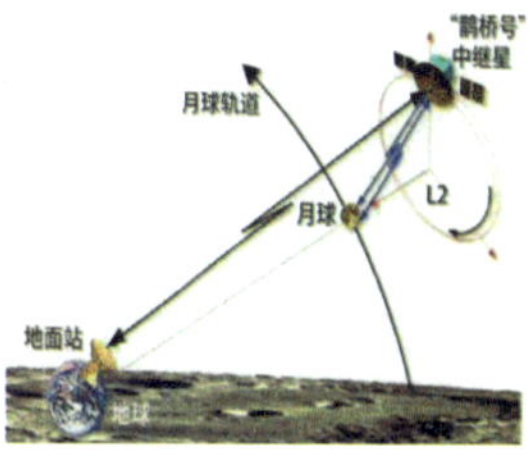

图 2-12 中继通信示意图

（五）嫦娥五号

“嫦娥五号”实现了月球采样返回。它是三期工程主任务，于 2020 年 12 月 24 日凌晨在海南文昌由长征五号大型运载火箭发射成功。探测器由月球轨道器、着陆器、上升器和返回器等 4 器组成，突破了月面采样、月面起飞、月球轨道交会对接、地球大气高速再入返回等四大关键技术。

为降低工程风险，2014 年 10 月，进行了月地高速再入返回飞行试验，返回器采用“半弹道跳跃式”高速再入返回地球，精确着陆在内蒙古预选着陆区，验证了第二宇宙速度月—地精确返回技术，奠定了“嫦娥五号”任务基础。

“嫦娥五号”从月球采样返回的成功，验证了除宇航员生存以外的载人登月主要关键技术。

总体看，我国的探月工程起步晚但起点高，经费投入少但科技产出多，发射

图 2-13 月面采样示意图

图 2-14 月面起飞示意图

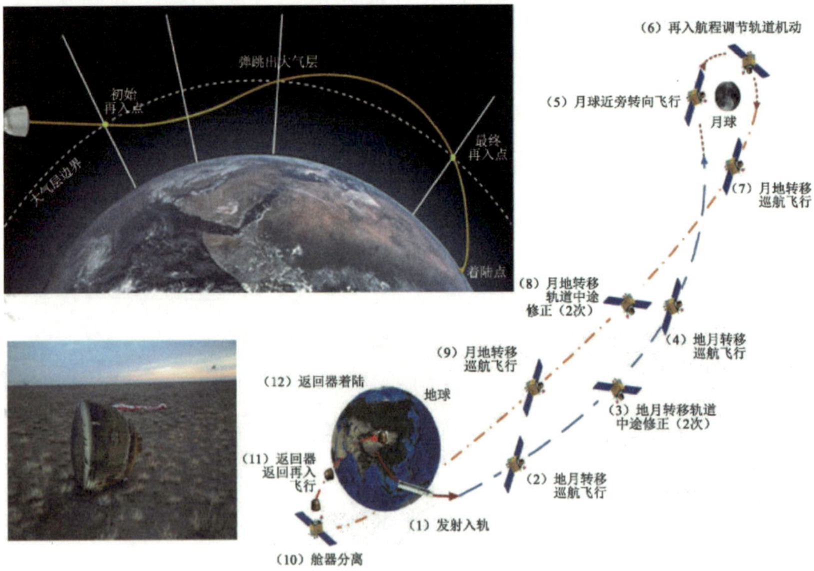

图 2-15 月地高速再入返回飞行试验飞行轨道示意图、返回舱

次数少但成功率高。中国探月整体水平和能力快速发展，在世界探月领域正从“跟跑、并跑”走向部分“领跑”。

当前，我国正处于由航天大国向航天强国迈进的关键时期，月球与深空探测是航天强国的重要标志和各国竞相抢占的战略制高点。我国月球探测虽然取得了举世瞩目的成就，但与基础雄厚、规模庞大、技术先进的美国和俄罗斯相比，我们还有不小的差距。面对国际竞争态势，我们应保持战略定力，不跟风、不竞赛，立足国情，按既定战略规划持续推进后续任务的实施，不断创造新的中国高度。从月球环境、技术发展和经费规模综合考虑，后续我国将重点发展无人月球科研站，适时开展载人登月活动。

二、探月工程意义

（一）探月是人类永恒的精神追求

月球是距离地球最近的天体，是人类探索浩瀚宇宙的起点。自古以来，月亮就激起了人类无限的遐想与憧憬，产生了各种神话传说、艺术作品和风俗传统。千百年来，人类一直利用一切手段认识、探索和利用月球，从早期的裸眼观察到后来伽利略利用望远镜观察，再到如今的飞抵探测，月球探索一直承载着人类追逐梦想、勇于探索的精神。

奔月也是中华民族的千年夙愿。华夏民族对月亮赋予了诗意的赞美和丰富的遐想，常以月亮寄托相思之情、抒发惆怅之感。“嫦娥奔月、玉兔捣药”的美丽传说；“明月几时有？把酒问青天”等脍炙人口的经典咏月诗篇；经上千年观察形成的与月球有关的中国传统农历等，都是中华民族灿烂文明的重要组成部分。

（二）探月体现国家意志和责任担当

月球是人类开拓空间的新疆域，是国家利益新的战略制高点，是各国竞相争夺的竞技场。月球探测高度体现国家意志，是一个国家科学技术发展水平和现代文明的重要标志，更是综合国力的集中体现，对提高国家的国际地位和影响力具有重要意义。

月球探测是一项复杂的科技大工程，充满了挑战和风险，体现了一个民族“可上九天揽月”的豪情，凝聚着一个民族的智慧和力量，对振奋民族精神、增强民族自信心和自豪感具有重要作用，也激发了一代代青少年爱国的热情和献身科技事业的决心。

（三）探月极大促进科学发展和技术进步

月球探测有助于提高人类对于宇宙及自身生存环境的认知，促进了空间地质学、比较行星学、空间物理学等新兴学科、交叉学科和基础学科的快速发展。相比于近地航天，月球探测具有探测距离远、飞行时间长、测控难度大、自主要求高等特点，提出了更高的工程技术需求，极大地激发科技创新，带动了远程通信、高精度控制、高效特殊能源、特种材料以及人工智能等高新技术的跨越发展。

（四）探月可实现月球资源的开发利用

月球丰富的矿物资源，是地球稀缺资源的重要补充，比如可用于核反应发电的氦 -3，是地球总储量的数 10 倍，有望成为人类未来重要的能源资源。

月球的位置资源特殊，可在月球上实现对地球长时间大尺度观测和监视，以及对空间天文的长期稳定观测。月球背面洁净的电磁环境是观察太阳、宇宙电磁辐射，探索宇宙早期起源的最佳场所。月球也是未来开展深空探测的前哨阵地。

第二节 评估与总结

评估测试题

1. 你知道中国无人月球探测规划是什么吗？展开讲一讲。

2. 你知道“嫦娥五号”有什么意义吗？

3. 查一查月球基地是什么。

本章总结

本章我们了解了中国探月工程的历程、学习了从嫦娥一号到嫦娥五号的探月历史、明白了中国探月工程的重大意义。以下几个重点，一起回顾吧！

◆ 1978年美国总统卡特向我国赠送了1克月球岩石样品，我国将其中0.5克用于了科学研究。

◆ 党中央、国务院2004年批准一期工程立项，拉开了我国深空探测的帷幕。

◆ 从2004年立项到2020年收官，先后完成了“嫦娥一号”“嫦娥二号”“嫦娥三号”、月地高速再入返回试验“嫦娥四号”和“嫦娥五号”共6次任务，实现了“六战六捷”。

◆ 探月是人类永恒的精神追求、探月体现国家意志和责任担当、探月极大促进科学发展和技术进步、探月可实现月球资源的开发利用。

第三章
月球基地类型

中国探月工程分为“无人月球探测”“载人登月”和“建立月球基地”三个阶段，随着嫦娥五号返回器在内蒙古四子王旗着陆场着陆，中国探月工程的第一阶段圆满完成。本书我们以“建立月球基地”为背景展开。那么在建立月球基地之前，我们先来看看月球基地包含哪些部分，需要满足什么条件。本章我们将要设计月球基地的类型，以及考虑月球基地工程需要关注的重点。从本章开始，我们进入了月球基地的设计阶段，组长们带领你的团队，开始吧！

第一节 基地关注要点

问题引入

在第一章制作月球资料卡的时候想必很多同学都提到了月球上的环境条件：昼夜温差大，辐射强，重力低等。那么在建造月球基地的时候，需要重点关注哪些问题呢？这些问题应该如何应对呢？

小组活动

活动主题：

找出建立月球基地需要关注的要点，并得出应对方式。

活动建议：

结合第一章第一节制作的月球资料卡总结月球的环境情况，组内讨论建立月球基地需要考虑哪些问题。

讨论得出需要关注的要点，查阅资料并讨论如何应对以上得出的需要关注的要点问题，整理资料及文字，为接下来撰写论文做参考。

活动成果：

总结出建立月球基地需要重点关注的问题，并且讨论得出应对方式。

文献链接

一、月球基地工程

月球基地工程将是一项庞大而又复杂的系统工程，其工程规模远远超过无人月球探测工程、载人登月工程及空间站工程。按照载人月球基地工程所承担的五大类任务目标，月球基地工程大系统将包括月球基础设施、地面基础设施和地月空间运输系统等三大组成部分。

（一）月球基础设施

人类若想最终实现月球移民，就必须先建立月球基础设施，这是实现航天员在月球上长期生活和工作的基础，不仅包括月球基地自身，还包括月面运输和作业系统、月面着陆与起飞系统、月球通信与导航系统以及其他的辅助支持系统等，这样才能保障航天员进出月球、月面长期驻留生活及开展月面作业的需要。

（二）地面基础设施

地面基础设施包括月球基地指挥控制中心、航天员系统、地面科学应用系统、地面发射场系统、地面着陆场系统、地面测控与通信系统等，是为完成月球基地任务在地面上必须配备的综合性工程系统，是实现人员和货物从地球安全往返月球的基本保障。

（三）地月空间运输系统

在月球基地任务中，由于可用于执行地月往返运输的飞行模式多种多样，所采用的运载火箭、登月飞行器等不尽相同，因此单独将其列出并称之为地月空间运输系统，该系统负责将人员和货物进行地月间往返运输飞行。

二、月球基地发展阶段

月球基地的发展过程通常是初级月球基地（也称为月球前哨站、月球科考站）→中级月球基地→高级月球基地→月球工厂→月球移民区。由于人类到目前为止对月球的认识和理解还较为有限，因此基于现在的航天技术水平，月球基地的建设过程往往较为复杂，建设周期通常较长。

从容纳数人的初级月球基地建设成为可容纳上百人的高级月球基地往往需要数十年的时间，如果最终建设成为月球移民区则需要近百年的时间。

图 3-1 月球基地设想图

三、月球基地工程关注要点

虽然人们对月球基地的未来发展前景赋予了极其美好的想象，但在今天的航天工程师们看来，建设月球基地的梦想还非常遥远，主要是人类对月球的认识比起地球来说还显得极其零散和浅薄。在目前的认知情况下谈建设月球基地是说着容易，做起来难，真正实施月球基地工程的难度是非常巨大的。

下面介绍人们重点关心的空气、水、食物、废物处理、微重力、月尘、热控、能源、辐射等问题。

（一）空气和水的问题

人类要想在月球上生存，首先要解决空气和水的问题。短期的月球任务，如阿波罗登月任务，在月面仅停留 3 天时间，航天员消耗的空气和水资源比较少，可以用登月飞行器从地面携带的空气和水资源来保障航天员的生活和工作。但是对于中长期的月球任务，由于航天员在月面停留和作业的时间长，消耗的空气和水资源量大，依赖登月飞行器携带的资源或者依靠地面补给的方式就不现实了，

图 3-2 阿波罗 11 号登月

需要采用闭环再生和原位资源利用的方式来解决。

2010 年印度发射了月球航行-1 卫星，其搭载的美国国家航空航天局的迷你合成孔径雷达（Mini-SAR）装置，绘制了从地球看永远处于阴影中的极地月球坑的地图。绘图结果显示，极地月球坑沉积物的雷达特性与冰类似。在分析数据后，美国国家航空航天局的科学团队确定，月球上水冰存在的迹象很明显。

这对于希望充分开发和利用月球资源的人们来说是个异常振奋的好消息，因为水冰可以用作航天员未来月球基地任务的自然资源。水冰可以净化为饮用水，也可以被分解为氧气和氢气来充当呼吸气体或为飞行器提供推进燃料。

关于空气的再生问题，当前主要的尝试集中在两个方面：一是建立可实现空气、

水和食物的循环生产和再利用的完全封闭生态系统；二是设想从月球开采的矿物质中提炼出产生氧气所需的元素，并以此建立稳定的供氧系统。

（二）食物和废物处理问题

人类要想在月球上长期生活，就必须要解决自给自足的食物供应和废物处理问题。当前国际空间站上的食物主要依靠从地面进行补给。液体废物，如空气中的水，主要通过抽湿机净化后再转化为可饮用的水，航天员的尿液和汗液也可循环使用。对于固体废物，通常收集后利用货运飞船带回地面进行处理。对于月球基地，当前广泛关注的是如何在密闭的空间中创造出生物式再生受控生态系统。生物式再生受控生态系统是指利用生物光合作用、升腾作用、微生物的降解作用，生产食物，实现空气和水的净化，处理废物，达到高度闭合的物质循环。在生物生长过程中，需要控制气压、气体成分，温湿度等大气环境，并且实现食品加工和废物处理等。我国和俄罗斯、美国、日本及欧洲空间局均投入了大量人力、物力开展相关研究，并且先后建立了大型综合实验系统。

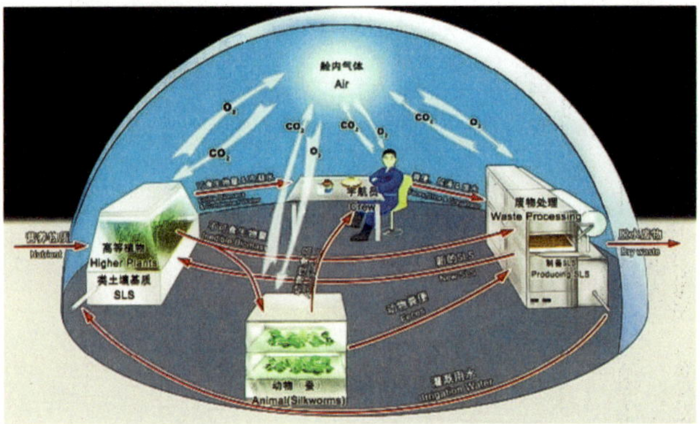

图 3-3 中国“月宫一号”：生物再生生命保障系统中的物质循环

（三）低重力问题

人类要在月球上长期健康地生活，必须要适应月面的低重力环境。与空间站的微重力环境类似，如果航天员长期处在低重力环境下，对其机体的免疫系统影响很大，胸腺及脾脏会产生萎缩性变化，各种免疫细胞的功能都会有所降低；长期处在微重力环境下，还会导致航天员肌肉萎缩、骨质流失、视力下降、生殖系统紊乱，甚至基因发生变化等问题。为了解决这一问题，航天员训练中心的专家们正携手努力，研究可在月球基地上供航天员使用的健康训练系统。航天员只有在月球基地里坚持不懈地锻炼，才能预防空间失调综合症，更好地保持人体心血管、骨骼肌、骨骼的健康，确保能开展月面探测、科学试验及资源开发利用等工作。

（四）月尘问题

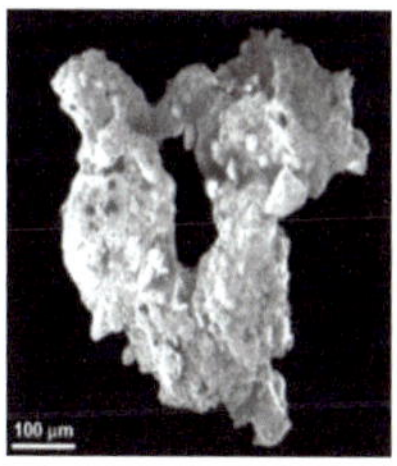

图 3-4 电子显微镜下拍摄的月尘颗粒

与空间环境不同，在月球表面覆盖着一层厚 10 厘米左右的细沙，这些沙粒的直径不到 0.03 厘米，这就是月尘。月尘是月球形成过程中由陨石体反复撞击产生的颗粒，主要由晶质颗粒和较大的火成岩碎片、玻璃质碎片及微量金属颗粒组成。月尘颗粒的表面非常锋利、坚硬，且带有静电，带电的月尘由于静电作用可以悬浮于月表上空，形成带电的“喷泉”现象。因为月球是低重力环境，由着陆器撞击月面、航天员驾驶月球车、发动机羽流喷流激起的月尘可以长期飘浮在空中。月尘对人体的健康影响较大。

月尘中的可吸入颗粒可以导致航天员出现肺矽病，在人体肺部沉积率最高的是粒径为 1 微米左右的颗粒物，这个尺段的颗粒物是最难清除的。可吸入颗粒的表面经常聚集着各种有毒的物质和重金属元素，不少物质都是致癌的。阿波罗任务航天员在从月面返回登月舱时，虽然用清扫航天服和真空吸尘器等方法尽力清除月尘，但仍然有很多月尘进入了登月舱。

阿波罗 17 号宇航员尤金 · 塞尔南是迄今为止最后一个在月球上行走的人类。他在回归的汇报中说：“灰尘可能是我们在月球上进行科考操作的最大障碍之一。我认为我们可以克服其他生理、物理或机械的难题 —— 除了灰尘。”

图 3-5 阿波罗 17 号宇航员尤金 · 塞尔南和他被月尘污染的宇航服

由于月尘表面坚硬且锋利，能磨损舱外航天服、月球车及其他没有密闭的轴承、齿轮和其他机械装置，造成各种机械故障。且因为月尘的静电吸附性，极易发生仪器表面被尘埃覆盖的情况，影响仪器的性能，导致灾难事故的发生。因此，月尘是月球基地任务中必须重点关注和解决的问题。

（五）热控问题

影响月球的热环境因素主要有太阳直接辐照、月球反照、月面红外辐射及地球反照。由于月球上没有大气的热传递，月球表面昼夜温差极大，在月球赤道地区白昼温度约 126 摄氏度，夜晚可以降到负 153 摄氏度；在太阳无法照射到的阴影区和夜晚期间的月球表面温度约为负 180 摄氏度。对于月球两极地区，温度始终较低，所以热控难题主要集中在赤道和低纬度等地区。月球一昼夜相当于地球 28 天，执行长期月球基地任务难免要过月夜，如果月球基地建造在月球的赤道和低纬度地区就需经历较大的温差变化。因此为保证任务的成功，必须对登月舱及月球基地进行热管理设计，提供适宜恒定的温度环境，保证人员和设备的安全。

（六）能源问题

能源问题是月球基地工程面临的另一个重要问题。月球基地在月面上必须有能源动力的支持，才能为月球基地本体、航天员、月球车、各类科学仪器设备和作业工具、通信导航设施等提供基本保障。在空间站工程中，采用大型太阳能电池阵技术来提供航天器所需的能源和动力。在短期的载人登月任务（如阿波罗计划）中，登月飞船采用氢氧燃料电池进行供电。对于长期月球基地任务而言，由于有人的参与，需要生命保障和乘员健康支持系统，月球基地的设备和仪器增多，所需的功率自然加大，因此能源问题成为一个突出的问题。目前学者们考虑有两种选择，一种是采用太阳能供电方案，还有一种就是美国国家航空航天局极力推荐的核能供电方案。

若月球基地采用太阳能电池阵供电，需将月球基地建设在两极，如火山坑边缘的高地地区，保证持续受到阳光的照射，且需考虑如何消除月尘的影响；若建设在赤道及其他纬度地区必须要解决过月夜时的供电问题。因此，核能供电问题受到学者的广泛关注。近年来，又有学者提出采用空间太阳能电站向月球表面供电、月球地热供电等新思路、新方案来解决月球基地的能源问题。

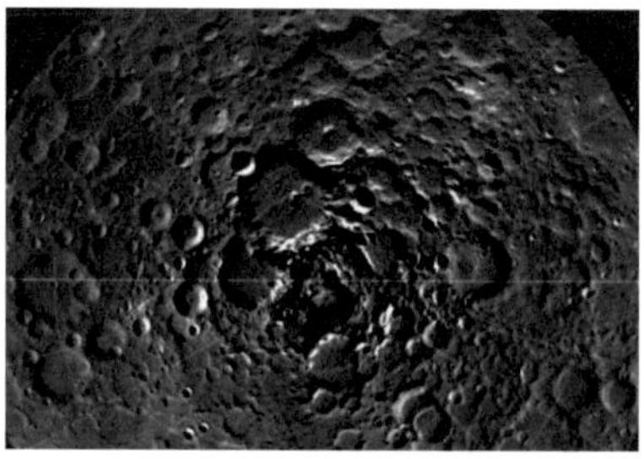

图 3-6 月球北极

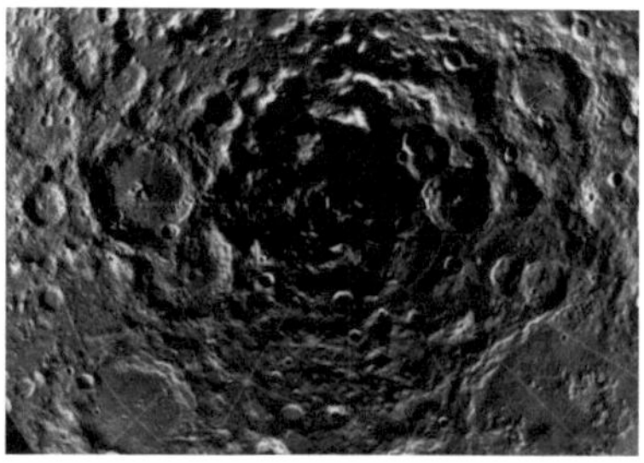

图 3-7 月球南极

（七）辐射问题

空间辐射环境包括空间天然和人工产生的电离辐射环境和非电离辐射环境，天然非电离辐射源主要来自于太阳的光辐射和射频辐射，而能对生物机体造成严重损伤的是主要来自于空间的电离辐射。月球基地任务中，空间天然的电离辐射源主要包括银河宇宙辐射和太阳粒子事件，人工辐射源是基地中使用的辐射源，包括核反应堆、γ射线高度计和各种空间实验仪器，以及放射性同位素等。空间电离辐射是影响航天员安全的最大威胁之一，主要包括X射线、γ射线、宇宙射线和高速太阳粒子。

在短期载人登月任务中，由于任务周期短，受到空间辐射环境的影响较小；但是在长期的月球基地任务中，受到空间辐射的影响较大，因此，为保证航天员的生命安全，必须进一步增强对空间天气及太阳风暴的预测能力，同时需在月球基地本体外加装电磁防护盾等被动防护设备，也有学者提出采用主动超导磁体在深空太空舱周围形成磁场等主动防护方法，以消除空间辐射环境对航天员和仪器设备的影响。

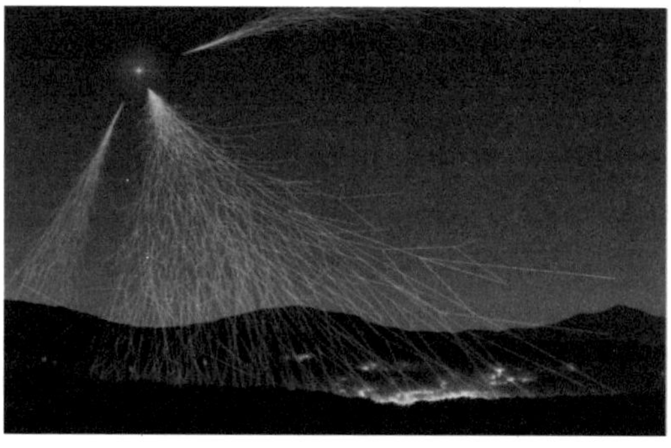

图 3-8 宇宙射线示意图

四、月球基地建筑材料：月球混凝土

混凝土是在地球上广泛使用的人造建筑材料。混凝土由水泥和填充材料混合构成，其优点是在环境温度下强度不断加强，密度低、热和电的绝缘性高、不可燃、无毒；其不足是水泥的生产需要 1 100 摄氏度以上的高温。混凝土本质上是一种由水泥混合连接的骨料颗粒组成的多相材料。在混凝土制作过程中，水被添加到水泥和骨料中，此时水和硅酸钙之间发生水合作用。水合作用会持续数天，此阶段混凝土的强度变高、硬度变大。基于以上优点，混凝土也可作为在月球上修建月球基地及其他月面设施的重要建筑材料。

地球上典型的混凝土由质量百分比为 75% 的骨料、10% 的水泥和 15% 的水组成。月球混凝土可参考此比例，但可能会用环氧树脂或其他黏合物来替代珍贵的水。从化学组成来讲，水泥有很多种类。最常用的是硅酸盐水泥，由约 64% 氧化钙、23% 二氧化硅、4% 三氧化二铝和其他氧化物组成，所有这些成分都可在月壤中找到。基于现有月球资源的组成和分布数据，月球上的钙长石、斜长岩中含有大量钙，是最好的制造月球水泥的材料。

月球混凝土结构除了水中的氢以外，所需的其他材料都可在月球上找到。而氢可以以液态方式用低温储箱从地球送往月球，也可以甲烷（CH_4）或氨（NH_3）的形式进行运输，其中碳元素提取后还可用于铁的生产，而氮可以用来制备人类居住舱的空气。初步估算，制造 1 000 吨月球混凝土大约需要 4.5 吨的氢。

同时，混凝土具有良好热稳定性和化学稳定性，可以承受月球的极端温度和真空环境。当温度超过 600 摄氏度时，混凝土开始分解，但此温度高于月面的最高温度，因此混凝土可承受月球的最高温度。在月球低重力环境下，硅酸盐水泥的抗压缩强度会有轻微下降（约 10%），但不会对混凝土造成严重影响。此外，新形成的或变硬过程中的混凝土若暴露在真空中，其性能会受到影响。实验表明，气泡的扩张及水汽的蒸发和扩散会造成混凝土内部某些结构产生空洞，会降低混凝土的强度和单位体积的质量。因此，建议混凝土在达到沉淀点之前不要暴露在真空中，这意味着用于建造重要结构的混凝土需要在加压空间中预先制造，而用于一般结构的混凝土，可以直接在月球自然环境中制造，但需要覆盖一层不透气的材料。

五、月球混凝土的生产制造

月球混凝土的生产制造包括一系列工序。

1. 将骨料、配筋、水泥、镶嵌件和水运输到混凝土生产工厂并存储；

2. 将组传送到配料车间；

3. 将搅拌好的混凝土传送到预制区；

4. 将混凝土运输到加工区；

5. 将加工好后已变硬的混凝土部件运输到外部存储区或建设区。

月球混凝土骨料可以从月壤中提取获得。硅酸盐水泥可从月球钙长石、斜长岩中加工处理得到。镶嵌件（例如钢结构件或玻璃纤维增强塑料）可以从地球送往月球。

扩展资料

月宫一号

“月宫一号”是北京航空航天大学建立的空间基地生命保障人工闭合生态系统地基综合实验装置，是一个密闭舱系统，用于开展月球基地生命保障系统的地基试验研究。

“月宫一号”是基于生态系统原理将生物技术与工程控制技术有机结合，构建由植物、动物、微生物组成的人工闭合生态系统，人类生活所必需的物质，如氧气、水和食物，可以在系统内循环再生，为人类提供类似地球生态环境的生命保障。

“月宫一号”是一个密封的系统，也就是说，在实验运行期间，与外界不发生气体交换。

第二节 确定基地类型

问题引入

中国古代神话传说中广寒宫是位于月球的宫殿，有飞天的嫦娥、伐桂的吴刚、不断捣药的玉兔。人类建立月球基地的终极目标是拓展人类的生存空间，探索浩瀚宇宙。那么建立月球基地的任务是什么呢？需要建立什么样的月球基地呢？

小组活动

活动主题：

确定月球基地类型。

活动建议：

活动开始前组长做好人员分工，查阅资料后，组内进行讨论，罗列建立月球基地的各项任务，组内确定建立月球基地的最终任务清单。

查阅相关资料，组内讨论月球基地都有哪些类型，分别具有什么特点。

小组讨论不同类型的月球基地的优缺点，结合建立月球基地的任务分析哪种月球基地符合本组要求。小组讨论确定本组将要建立的月球基地的类型，为本组确定将要设计的月球基地起一个名字。

活动成果：

确定本组将要设计的月球基地的类型，并得出本月球基地的特点。

文献链接

关于月球基地的概念有很多种说法，通常我们把在月球上建立的可供人类长期居住、生活及开展各种技术试验、科学研究和资源开发的各种基础设施统称为月球基地。按照建造阶段的不同，月球基地的发展要经历无人月球基地阶段和载人月球基地阶段。

近年来，在每年由国际宇航联合会（IAC）主办的国际宇航大会上，都有来自世界各地的科学家提出月球基地的建设规划设想。已有近千名来自不同国家的科学家和工程师提出了月球基地的建设方案，同时还提议联合建造国际月球基地。从公开的资料来看，美国、俄罗斯、日本和欧洲空间局等国家和组织，都提出了建设月球基地的规划设想，并为工程实施作了积极准备。

图 3-9 国际宇航联合会 LOGO

一、月球基地的任务

世界各国的科学家对月球基地任务进行了大量开放式的论证，结果可归结为人类社会资源和能源的重要补给站、特殊环境的天然实验室、特殊材料的生产基地、对宇宙空间的天然观测站、深空探测的中转站等，其最终目的是拓展人类的生存空间，探索浩瀚的宇宙。综合多国科学家的认识，可将月球基地的任务归纳为月球科学研究、月球资源开采利用、科学试验平台、月球基地空间观测站和载人深空探测中转站等五大任务目标。

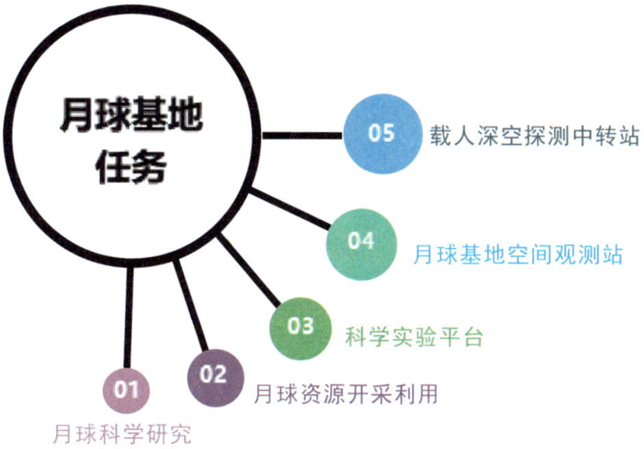

图 3-10 五大任务目标

（一）月球科学研究

尽管人类对月球的地形地貌、物质分布和空间环境等建立了初步的认识，但总体来看这些认识还非常有限，远远无法达到利用月球、开发月球，建立人类新的生存空间的目的。通过建立月球基地可完成诸如月球地形地貌、地质构造、表面物质组成、内部结构、近月空间和月面环境、月球和地月系的起源与演化等月球科学的研究，也是研究地球、太阳系起源与演化的有效途径。

（二）月球资源开采利用

能源问题是当今人类社会面临的且急需解决的重大问题之一，石油、天然气和煤等石化能源的逐渐枯竭将是未来威胁人类生存的首要大敌。目前，科学家正在寻找解决能源危机的途径，并将希望寄托在太阳能和核聚变等清洁高效的能源上。月球拥有丰富的氦-3和太阳能资源，很可能成为未来人类新的能源基地。此外，月球上还储存着丰富的硅、铝、钛和铁等，也是未来补充地球矿产资源的巨大仓库。还可通过矿石提炼方法获取月壤中的氢和氧等，直接生产飞行器所需的推进剂等。

（三）科学试验平台

月球没有大气，也没有电磁波的吸收与辐射，仅有弱重力场，使得许多无法在地球上开展的研究、实验、制造和加工，都可在月球上完成。例如，可持续研究钙元素在弱重力场环境下在人体中的循环情况，从而改进关节炎疾病的治疗方法，以及改进心脏和动脉疾病的治疗等；研究在低重力环境下晶体的生长，从而研制生物制品、特种材料等；人类在地外长期生存时需建立自给自足的受控生态循环系统，月球基地可进行低重力环境下植物多代繁殖、固体废物微生物处理等技术的研究和试验，这对于验证由植物—人—微生物组成的循环生态系统是十分重要的。

（四）月球基地空间观测站

在月球上建立空间观测站，进行空间天文学等研究，将有助于人类认识月球、地球和太阳系的起源和演化。月球背面是放置天文望远镜的理想场所，其稳定的地质构造，没有大气干扰、光污染，以及永久阴影区的极低温度，都是天文观测值得利用的绝好条件。月球正面永远面向地球，在月球正面建立观测站，可以对地球实施长期监测。此外，月球基地也是监视对地球构成潜在威胁的小天体的观测站，可作为早期预警的前哨站。

（五）载人深空探测中转站

月球是距离地球最近的天体，月球基地将成为人类进入深空的跳板和中转站。由于月球没有大气、磁场，重力加速度只有地球的1/6，因此从月球上发射大型航天器，相较于地球容易得多；可以在月球上实现对航天器的建造、组装、维护和补给，并从月球或月球附近直接奔向深空。此外，月球也是人类开展长期宇宙航行任务的最佳实验场，可以完成诸如生物再生式循环生态系统、宇宙长期航行心理学、低重力环境医学和星体表面探测作业系统等的研究与实验。

二、月球基地的类型

关于月球基地的类型有许多不同的划分方式，归纳起来有以下几种。

1. 按照可移动性来划分：可分为移动式月球基地和固定式月球基地。

2. 按照基地与月球表面的结合方式划分：可分为地上基地、半地下基地、地下基地。

3. 按照使用寿命来划分：可分为临时性基地、半永久性基地和永久性基地。

4. 按照建筑材料划分：可分为利用充气可膨胀展开结构的柔性月球基地、硬结构式的刚性月球基地，以及利用月壤建筑或者在月球溶洞中构建的建筑式月球基地。

5. 按照对地球供给的依赖程度划分：可分为完全依赖式、部分依赖式和自维持式。

6. 按照使用用途划分：可分为能源开发基地、农业生产基地、空间制药基地、深空探测中转站以及军事战略基地等。

扩展资料

国际宇航联合会

国际宇航联合会成立于 1951 年，是一个非营利性的非政府组织，其成员来自全世界各种政府组织、工业专业协会及学术团体。

国际宇航联合会鼓励促进对空间的了解以及开发和应用空间资产为人类造福。国际宇航联合会在传播信息以及为空间开发和利用方面的专家提供重要的全世界范围的网络联系方面起到重要作用。

国际宇航联合会与其准会员组织国际宇航科学院（宇航科学院）和国际空间法研究所每年轮流在不同的国家举办一次国际宇宙航行大会。《宇航学报》(*Acta Astronautica*）选登会议部分论文。

第三节 评估与总结

评估测试题

1. 你知道月球科学研究具体指什么吗？展开写一写。

____

____

____

2. 你知道月尘有什么危害吗，为什么？

____

____

____

3. 查一查月球基地选址的注意事项。

____

____

____

本章总结

本章我们学习了建设月球基地需要关注的重点，并试图分析应对措施，同时也确定了将要建设的月球基地的基本类型。以下几个重点，一起回顾吧！

◆ 月球基地的任务：月球科学研究、月球资源开采利用、科学试验平台、月球基地空间观测站、载人深空探测中转站。

◆ 月球基地的类型：可以根据移动性、基地与月球表面的结合方式、使用寿命、建筑材料、对地球供给的依赖程度、使用用途来划分。

◆ 月球基地工程系统：月球基础设施、地面基础设施、地月空间运输系统。

◆ 月球基地工程关注的重点：空气、水、食物、废物处理、微重力、月尘、热控、能源、辐射等问题。

第四章
月球基地选址

从本章开始，我们将在之前学习的基础之上开展月球基地的具体设计。设计中包含月球基地的选址（本章）、月球基地的结构设计（第五章、第六章）以及功能设计（第七章、第八章），除上述设计之外，你们组觉得还有哪些内容需要设计呢？自行选择一个匹配相应基地的模块进行设计（第九章）。最后将小组设计通过答辩的形式展示给大家（第十章）。

你将从本章中学到月球基地选址的原则及方法、月球基地选址的约束条件等相关知识。查阅相关资料并思考本组设计的月球基地选址。

第一节 基地选址

问题引入

随着探月工程的不断发展，在不远的未来，人类将在月球上建造出月球基地。那么月球基地应该建在月球的什么地方呢？在选址的过程中需要考虑哪些问题呢？

小组活动

活动主题：

确定月球基地选址。

活动过程：

组长负责组内人员的分工及统筹安排。组内讨论，查询相关资料后确定月球基地的选址。

活动建议：

总结之前学到的关于地月相关知识，查询月球基地选址的原则及方法；了解月球基地选址的约束条件；进行月球基地的最终选址。

活动成果：

以文字的形式将小组讨论的成果进行总结，为后续撰写论文及展示成果留存资料。

文献链接

一、月球基地的选址及方法

月球基地选址直接影响月球基地工程的任务目标、科学目标和工程目标的设定。在阿波罗计划这项载人登月工程实施过程中，已经形成了一套较完整的登月点选址方法，为后续开展月球基地选址提供了重要参考。相比载人登月任务而言，月球基地任务在月面停留时间更长，系统的可靠性和安全性问题更加突出，因此必须建立起一套科学的月球基地选址方法，对多个候选地址进行筛选，最终评估、确定最优的月球基地地址。

（一）月球基地选址原则

月球基地选址是一个复杂的系统选择过程，有许多因素需要考虑。为了制定选址方法，首先应从宏观上确定选址的基本原则，确定各种选址影响因素的优先级。1990 年，美国国家航空航天局提出了月球基地选址需优先考虑的四要素，分别是战略意义、科学目标、工程能力约束和资源利用。这四要素相互关联，共同组成了月球基地选址的基本原则。

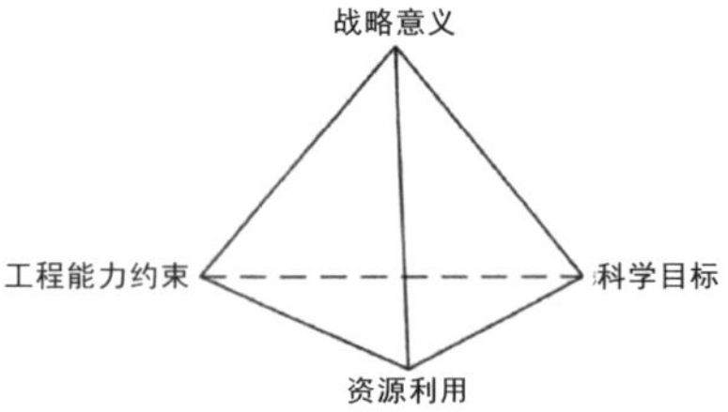

图 4-1 月球基地选址基本原则四面体模型

1. 战略意义

月球基地工程是一项复杂而又庞大的载人航天工程，其技术难度将远远超越无人月球探测工程、载人登月工程及空间站工程，必须依托全国之力乃至世界各国的力量才能完成，是一种强烈的国家意志行为。而战略意义是国家意志的具体体现，显示出国家政治、经济及军事等多方面的诉求，是月球基地工程实施与否的决定性因素。因此战略意义是月球基地选址的决定性因素，位于选址原则四面体模型的最高点。

2. 科学目标

完成指定的科学目标是建设月球基地的基本任务。进行月球基地建设之前，必须明确要实现的科学任务、最有利于任务实现的地区，以及可开展相关科学探测的选址点。

3. 工程能力约束

进行月球基地选址时，必须考虑工程实施过程中的能力约束（即运载火箭、登月飞行器、发射场、测控能力等约束），确保登月飞行器能够在选址区域安全着陆并开展探测和建设任务，选址区域的月面环境要适合建立月球基地，且要保证航天员在月球基地工作期间的生命安全。

4. 资源利用

资源利用与月球基地的经济前景直接相关。建立月球基地的最终目的就是为了深度开发和利用月球资源，为人类造福。月球上各种资源有不同的分布特征，对月球资源的利用取向，很大程度上决定了月球基地地址的选择。

（二）月球基地选址方法

目前，月球基地选址的方法是建立一个矩阵来定义各个潜在选址点的探测需求，并在矩阵中显示任务设计需求与月球基地选址点特性的相互关系，综合考虑各种因素后，最终选出合适的月球基地地址。

选址流程如下图所示。

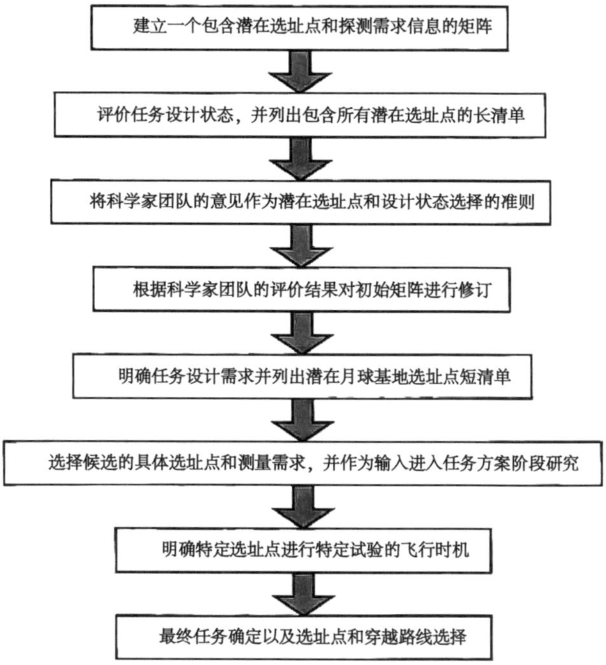

图 4-2 月球基地选址流程

1. 选址委员会作为一个工作团队，创建一个包含典型选址点和相应探测需求的矩阵。

2. 采用上一步建立的矩阵来评价任务设计状态（如停留时间的灵活性），并列出包含所有感兴趣的典型选址点的长清单。

3. 选址委员会征求科学家团队关于科学实验和相关特殊选址需求的意见，以指导矩阵中典型选址点和任务设计状态的选择。

4. 根据科学家团队的反馈意见，对初始矩阵的数据进行修订。

5. 对新矩阵进行分析，新矩阵需提供以下材料：相对固化的任务设计状态；

排除超过任务设计能力的典型选址点；明确候选科学实验的先进技术和发展需求；列出包含后阿波罗时代所有潜在选址点和典型选址点的长清单；提供足够的设计数据以执行任务方案研究，并满足科学需求。

6. 后续工作为提炼精简包含选址点、任务设计和实验需求信息的清单。该工作是一个迭代过程，需结合任务方案阶段研究一起进行。

7. 完成任务方案阶段研究后，再次邀请科学家团队参加选址点选定的详细任务设计。

根据任务需求和登月飞行器系统能力的相互关系，来评价科学家团队建议的特定选址点。其中任务需求在登月飞行器系统能力范围内的某些特定选址点可作为典型选址区域的候选点。如果所有特定点都能满足典型选址区域的科学目标需求，则排除掉需要过多系统能力的特定选址点。最后被选中的特定选址点可达性高、灵活性强，可适应任务和轨道约束。

对于某些对系统能力要求不高的任务，可通过选取合适的选址点，将两项或多项任务合并为一个任务。例如，火山道探测需要 5 人 2 周的系统能力，暴露环形山探测需要 4 人 4 周的系统能力，则可选择合适区域通过一次任务同时探测这两个地点，系统能力需求为 5 人 6 周。当完成任务设计和特定选址点选择后，实验有效载荷将尽可能地囊括一些其他的实验项目。所谓的“实验时机”，虽然不影响任务包络，但必须在设计飞行任务中予以考虑。

扩展资料

阿波罗工程登月点选址的特点

1. 登月点均分布在月球正面：阿波罗工程选址首先考虑满足月面出舱活动时航天员与地球间的通信联系，以及月面着陆和起飞时登月舱与地球间的通信联系。在没有月球中继通信系统的情况下，登月点必须对地面测控站可见，因此月球背面区域首先被排除掉。

2. 登月点均分布在月球低纬地区：对于阿波罗计划中的 H 任务（包括阿波罗 8 号、10 号、11 号、12 号），为使登月飞船的地月转移轨道为自由返回轨道，将登月点限制在南北纬 ±5° 区域。自由返回轨道是指登月飞行器到达近月点之后不进行机动，在月球引力作用下绕过月球而自动返回地球的轨道，是出于载人登月安全性考虑下最佳的轨道。

对于阿波罗计划中的J任务（包括阿波罗13号～17号），登月飞船的地月转移轨道为在自由返回轨道基础上形成的混合轨道，依然利用了自由返回轨道优良的安全特性，登月舱在进入月球轨道失败的情况下具备进入月地转移轨道的能力，这些改变增加了阿波罗登月飞船高纬度地区的可达性。

二、月球基地选址的约束

月球基地的选址不仅取决于月球基地的科学目标，还应充分考虑月球表面的特殊环境和月球基地建设过程中的工程能力约束。月球基地选址过程中需重点考虑的约束有：月球地形地貌、月面可达性、月面热环境、月面辐射环境、月面光照条件、微流星体防护、通信条件。

（一）月球地形地貌约束分析

1. 月球地形地貌情况

月球地形地貌包括陨石坑和岩石的分布密度和大小情况，地形是否平坦等，它直接影响着月球基地的构建，月面运输设施的移动，月面着陆器的着陆和起飞等活动。

整个月球表面总体上可分为月海和高地两大地理单元。月海是月面上宽广的平原，约占月面面积的17%。绝大多数的月海分布在月球正面（即向着地球的一面），约占整个正面半球表面积的一半，尤以北半球的月海分布更加显著。大多数月海具有圆形封闭的特点，为山脉（细长伸延的山地）所包围，类似于地球上的盆地。高地是指月球表面高出月海的地区，一般高出月球水准面约2～3千米，面积约占月面面积的83%。在月球正面，高地的总面积和月海的总面积大致相等，在月球背面，高地面积则要大得多。

月海和高地均覆盖不同尺寸和形状的石块和撞击坑。撞击坑是指布满月球表面的环形凹坑构造，包括环形山、辐射纹和与撞击坑有关的隆起构造。据统计，月球表面的撞击坑总数在33 000个以上，尤其在月球高地更为密集。

（1）撞击坑分布

美国国家航空航天局给出了平坦月海区域、崎岖月海区域和高地区域中撞击坑的堆积密度分布，如图 4-3 所示。图中纵轴表示单位面积内大于直径 D 的撞击坑的数目。从图中可以看出，对于直径小于 40 米的撞击坑，月海区域和高地区域的撞击坑分布是相同的。通过对下图中曲线进行拟合，可以得到撞击坑的分布模型。

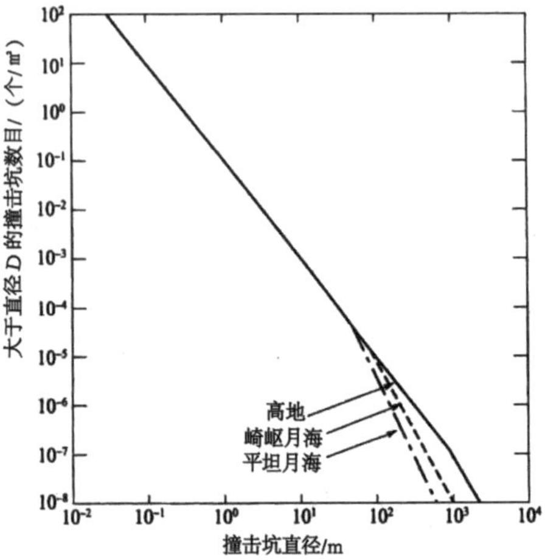

图 4-3 平坦月海区域、崎岖月海区域和高地区域中撞击坑分布

根据撞击坑的年龄，可以将其分为四类，分别为新鲜坑、年轻坑、成熟坑和老年坑，它们对应的特点详见表 4-1。由此表可得，年龄越大的撞击坑越平坦。

表 4-1 撞击坑的分类及特点

坑的类型	典型形状	深度/直径比	边缘高度/直径比
新鲜坑	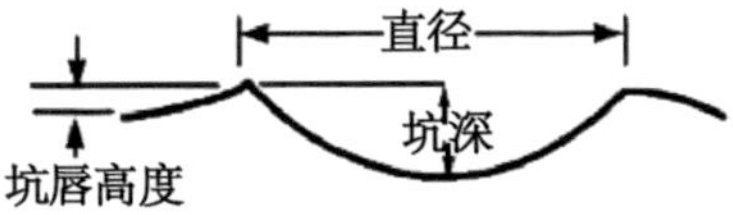	0.23~0.25	0.022~0.06
年轻坑		0.17~0.19	0.016~0.015
成熟坑		0.11~0.13	0.008~0.03
老年坑		—	—

（2）坡度

月海区域相对平坦，最大坡度约为 17°，大部分坡度为 0° ～ 10°，标准差为 3.7°；高地地区较月海地区起伏更大，最大坡度约为 34°，一般为 0° ～ 23°，标准差为 4.5° ～ 6°，甚至更大。撞击坑内侧坡度为 25° ～ 50°，平均为 35° 左右；外侧坡度在 3° ～ 8° 之间，平均为 5° 左右。

（3）月表岩石

月表岩石形状可能为圆形、矩形或凹坑形等，最短尺寸与最长尺寸的比值一般为 1/1 ～ 1/5。

2. 月球地形地貌对月球基地选址点的影响

（1）光滑性要求

要求撞击坑和较大的岩石较少，便于月球基地建设和月面着陆器的着陆。

（2）可着陆性要求

要求没有大的山体、高的悬崖和较深的撞击坑，便于月面着陆器能着陆到选址点。

（3）坡度

参考阿波罗计划的资料，要求坡度小于 2°，便于月球基地构建和月面着陆器的日常起飞与着陆。

基于以上考虑以及月面地形地貌的情况，月球正面的月海地区比较适合作为月球基地的候选地址。

（二）月面可达性约束分析

月球的地形地貌分布情况决定了适合月面着陆器着陆的区域，而月面着陆器自身的硬件约束（如外形尺寸、质量和推进剂携带量规模）和任务设计局限（如安全性和飞行控制能力）也反过来决定着其可达并建立月球基地的月面范围。从环月轨道下降着陆到某一月球基地选址点的可达性主要由以下原则和约束决定。

1. 充足的推进剂携带量。

2. 应急情况下的推进剂余量。

3. 月面着陆器下降推进系统的任务中止能力。

4. 月球基地选址点的光照条件。

由以上约束可推出与月球基地选址相关的期望因素有以下几个。

1. 最小的推进剂携带量需求。

2. 月面着陆的最优太阳高度角。

3. 足够的任务中止能力。

4. 充足的通信支。

5. 合适的着陆点。

不同月球基地选址点的固有特性影响着其可达性。赤道区域月球基地选址点（月球赤道附近南北纬 ±5° 范围）提供几乎连续的可达机会，包括月面下降和月面上升。在环月零倾角轨道上，月面下降窗口约每两小时一次；月面上升窗口是连续的，只是进入轨道的相位不同。由于一些月海盆地内有重力异常，导致了月球重力场分布不均匀。对于长期在环月零倾角轨道运行的月面着陆器，由于受月球引力异常影响，其轨道高度会产生漂移。

对于中低纬度月球基地选址点（月球南北纬 ±5° ~ ±45°），存在两种到达方式。第一种方式是采用月球极轨道，其上升和下降窗口为每 14 天一次。这种方式限定了环月轨道进入和月地转移轨道进入的方向，意味着环月轨道在轨等待时间增加和返回地球窗口时间的减少。第二种方式是采用轨道倾角等于选址点纬度的低倾角环月轨道。这种方式的轨道具备灵活性，并提供了更多的月地转移轨道进入窗口。但是，这种方式的上升和下降窗口被限定在每 27 天一次。而对于长期在 100 千米高度中纬度轨道上运行的月面着陆器，其轨道高度变化较大。基于环月轨道对选址点可达机会更多和轨道稳定性高的考虑，应将极轨道作为中纬度选址点的着陆前环月轨道。

对于高纬度和极区选址点（月球南北纬 ±45° ~ ±90° 范围），极轨道能提供最好的可达性。对于纬度大于 85° 的高纬度选址点，极轨道可提供连续的可达性。对于纬度小于 85° 的高纬度选址点，其特性与中纬度选址点类似。采用环月极轨道方式的地月转移飞行器，其返回地球的窗口为 27 天一次，最少任务周期为 35 天。对于长期在极轨道上运行的地月转移飞行器，其轨道高度会产生约 20 千米的漂移。

基于以上分析，可将选址点区域进行分类，不同的区域采用不同的环月轨道类型，以保证对月球基地选址点的最佳可达性。

表 4-2 基于环月轨道的月球基地选址点分类

月球正面	月球背面	极区
赤道区域（边缘 / 非边缘）	赤道区域	—
中纬度区域（边缘 / 非边缘）	中纬度区域	北极
高纬度地区（边缘 / 非边缘）	高纬度区域	南极

注：边缘为月球东西经 ±90° 附近地区。

（三）月面热环境约束分析

月球表面热环境的特点是温差大，昼夜过渡期间温度变化快。针对月球基地工作期间经历的特殊热环境，以及月球基地覆盖面积大、工作时间长等特点，需选择温差较小、温度变化较慢的区域建立月球基地，以减轻月球基地热控系统的压力。

月球的热源主要有：太阳直接辐射、月球反照、月面辐射、地球反照。

1. 太阳直接辐射

太阳直接辐射主要来自太阳电磁辐射的可见光、红外光、X 射线等。由于地月平均距离为 38 万千米，而 1AU（一个天文单位）约为 1.5 亿千米，可将月球与太阳的平均距离近似为 1AU。由于月球表面大气极其稀薄，可以忽略月球大气对太阳辐射能的衰减作用。因此，对于月球表面的太阳辐射能可采用与运行于地球大气层之外的地球卫星（尤其是地球静止轨道卫星）所采用的设计值。

2. 月球反照

月球反照是指月球表面对太阳辐射的反照，是月球基地具有的另一个重要热源。月球反照率与月面物质（月壤、月岩等）的热特性（吸收与发射）密切相关。

3. 月面辐射

月面自身存在红外辐射，这是月球基地的外热源之一。

4. 地球反照

地球也会反射部分太阳光到月球上。但由于地月距离约 38 万千米，地球反照对月面环境的影响较小。月球表面温度主要受太阳直接辐射影响，由于没有大气的热传导，月球表面白天与夜晚的温差很大（月昼期间月表最高温度可达 127 摄氏度，月夜期间月表温度可降至负 183 摄氏度）。在昼夜过渡的区域温度变化率大（最大瞬态温变率＞ 2 摄氏度 / 分钟）。

表 4-3 月球表面平均温度和月变化温度

温度	基地撞击坑阴影区	极地地区	赤道地区			典型中纬度地区
			正面	背面	两侧	
平均温度 / 摄氏度	-233	-53	-19	-17	-18	-53 ～ -18
月变化温度 / 摄氏度	—	±263	±133	±133	±133	±173

极地地区温差最小，但平均温度较低；赤道地区温差最大，但平均温度较高。因此，可根据热控技术的发展选择不同的区域：若月球基地自身的防低温能力强可选择极地地区，若月球基地自身的防温差变化能力强可选择赤道地区。

从热环境的约束分析来看，对于极地地区月球基地，其长期处于低温环境，太阳高度角小，温差变化幅度小，有利于月球基地的航天器和月球车的热控系统设计；而对于赤道地区月球基地，平均温度高、温差变化范围大，要求月球基地的航天器和月球车具备较强的热控调节能力。

（四）月面辐射环境约束分析

月球的辐射环境分为太阳电磁辐射和带电粒子辐射。

1. 太阳电磁辐射

太阳系中（包括月球环境在内）基本上所有的电磁辐射都来自太阳。月球环境电磁辐射包括：太阳总电磁辐射能量，太阳辐射通量随波长的分布，太阳活动期间太阳辐射通量的变化等。

2. 带电粒子辐射

月球表面可遭遇的带电粒子辐射主要来源于太阳宇宙射线、银河宇宙射线以及太阳风。由于月球自身磁场极其微弱，不能在月球周围形成稳定的带电粒子捕获现象，因此月球不存在类似地球辐射带那样的带电粒子辐射环境。

由于月球表面各处都存在太阳电磁辐射和带电粒子辐射，因此月球辐射环境对月球基地选址的影响不大，主要影响的是月球基地防护系统的设计。

（五）月面光照条件约束分析

月球各区域所受光照周期约为 27 天，即在 27 天范围内，有连续 14 天左右的时间处于太阳光照射范围内，其余时间均处于阴影区。

月面光照条件主要影响月球基地的能源供给。在月球基地建设中，通常太阳能是维持月球基地运营所需能源的主要供应源。为保证月球基地的能源供给，要求月球基地选址点处于太阳光照期较长的位置。月球极地地区永久光照区有充裕的太阳能，基于月面光照条件考虑，适合作为月球基地候选地址。月球基地工程中月面着陆器应在有光照的情况下进行月面着陆。若着陆过程没有光照，一方面会影响月面着陆器对着陆区的观察；另一方面给使用太阳能的月面着陆器带来严重的能源供应问题。着陆过程中光照约束会减少发射窗口，增加环月轨道停留时间。一般确定了月球基地的地址，为满足光照约束也就确定了月面着陆器的发射窗口。

（六）微流星体防护约束分析

微流星体是宇宙空间中客观存在的一种环境因素。由于月球基地在月面的持续工作时间较长，可能达到10年以上，因此必须考虑微流星体的作用。

目前，美国国家航空航天局在若干报告和设计准则中已给出月球轨道上微流星体的几种模型，以及微流星体轰击月球表面后导致的二次喷射物模型，例如NASA TN D–2747模型，给出了微流星体的通量与质量模型，以及月面二次溅射物模型；NASA– CR–68189模型针对不同大小的流星体给出了质量和通量模型；对于预先设计和不明确的项目研究来说，可采用NASA SP–8013模型。可以利用这些模型计算出月球基地建设期间月球区域的流星体分布，选择流星体较少的区域作为月球基地的选址点。

根据月球目前地形地貌的特点可知：月球正面比背面平坦。这说明在月球绕地球公转过程中，月球背面由于靠近深空更容易受到微流星体的撞击。因此，为防止微流星体的撞击，月球基地应尽量选择在月球正面区域。

（七）通信条件约束分析

月球基地选址点必须能使月球基地与地面进行方便、可靠和不间断的通信，以便地面人员能够随时了解和遥控月球基地。月球基地通信主要包括基地与月面目标的通信，以及基地与地球之间的通信等。基地与地球之间的通信又可分为直接通信和间接通信（通过中继卫星）。由于通信弧段的限制，中继卫星可能是地球卫星、月球卫星和地月拉格朗日点晕（Halo）轨道卫星。

1. 若月球基地选址在月球正面，由于地球的自转影响，单个地面设施一般只能连续覆盖月面10小时左右。为了对月球基地提供连续可靠的服务和支持，可以有两种解决途径：利用全球分布的测控台站（终端）及任务操作和支持网络；或是利用地球轨道附近的数据中继卫星星座。

2. 若将月球基地选址在月球极区，只能通过建立大倾角月球轨道中继卫星来实现与地面的通信。

3. 若月球基地选址在月球背面，可使用月球轨道星座提供通信功能，但确保实时或近实时的通信功能仍有一定的困难。为此还需引入位于地月系统平动点 L_2 点附近的 Halo 轨道上的中继卫星实现通信中继功能，该轨道距离月面背面约 60 000 千米。

扩展资料

月球基地候选区

马留斯地区是位于月球正面赤道附近风暴洋区域的一个高原，其坐标范围为（西经 47° ～ 60°，北纬 10° ～ 17°），面积约为 35 000 平方千米，高出周围地区数百米至两千米。

该地区是月球上火山地貌分布最密集的区域，有超过 200 个火山穹窿和火山锥，并且包含丰富的皱脊和月溪构造，是研究月球火山活动的理想地点。虽然马留斯地区整体地形起伏较大，但局部地形较为平坦，存在多个理想登月点，登月着陆可行性较高。

第二节 评估与总结

评估测试题

1. 你知道月球基地选址的流程吗？展开写一写。

____

____

____

2. 查一查月球基地候选区都有哪些。你会选择哪里作为候选区，为什么？

____

____

____

3. 查一查月球基地的结构。

____

____

____

本章总结

本章我们了解了月球基地选址的原则及方法、学习了月球基地选址的约束条件，以下几个重点，一起回顾吧！

◆ 月球基地选址需优先考虑的四要素：战略意义、科学目标、工程能力约束、资源利用。

◆ 月球基地选址的约束：月球地形地貌、月面可达性、月面热环境、月面辐射环境、月面光照条件、微流星体防护、通信条件。

第五章
月球基地结构设计（一）

上一章中我们确定了月球基地的选址，从本章开始我们进行月球基地的结构设计。本章会设计月球基地的模型、结构并构建相关的材料作为支撑，也可以查阅相关文献进行基地结构设计的理论支撑。

第一节 基地结构设计

问题引入

在月球上搭建的基地应该是什么样的结构呢？
你认为月球基地结构设计中应该考虑哪些问题呢，为什么？

小组活动

活动主题：

月球基地构型设计。

活动形式：

用图画或 3D 建模的形式表示。

活动过程：

组内进行讨论，得出公认的设计思路。由组长进行统筹安排查阅相关文献，小组成员将查阅资料后得出的结论进行组内共享，组内得出最优的设计思路进行设计定稿，组长可根据组内成员的擅长领域进行适当安排，最终输出月球基地的设计图稿。

活动建议：

查阅月球基地构型设计相关资料，并应用到自己的设计中，查阅月球基地设计过程中需要考虑的问题，并在组内设计中合理规避相关问题。

活动成果：

将组内设计的月球基地构型设计确定并用图画或设计图的形式表示出来。

文献链接

一、月球基地构型主要考虑因素

月球基地构型设计主要指模块化月球基地各舱段组装后所形成拓扑结构的设计。不同任务目标的月球基地可采用不同的构型方案。构型设计的主要考虑因素包括人员安全性、经济性、宜居性和可扩展性等几个方面。

（一）安全性

月球基地的首要要求就是确保基地人员的安全。月球基地的构型涉及各个功能区域的布置和应急通道的设置，所以与基地的安全性密切相关。在月球基地外部安全防护方面，可采用月壤覆盖、电场屏蔽等主要手段，月球基地构型也必须满足应急救生的条件。因此，月球基地构型设计应当避免因某个舱段出现故障而影响到其他舱段的安全。此外，必须设计应急救生通道，确保从每个舱段进入安全区域的路径尽可能短，并且具有尽可能多的进入安全区域的途径。各个舱段之间能够相互形成安全备份，至少具备两个安全出口。出于安全因素考虑，气闸舱位置和数量的选择必须保证压力舱的出口有冗余。如果出现故障，应该保证至少有一个气闸舱有隔离和减压的能力。另外，从防护空间碎片、流星体等空间安全威胁角度来说，对暴露在月面的月球基地而言，暴露面积越少，安全性越高。

（二）经济性

经济性是构建月球基地需要重点考虑的因素，经济性既包括月球基地本体建造的经费规模，也包括月球基地运营和维护期间的经费规模等。首先，在同等任务需求下，月球基地构型影响月球基地规模的大小，其质量和外形尺寸大小决定了对地月运输系统的运载能力总量的需求。对于由刚性舱组装的月球基地，其外形尺寸决定了地月运输系统整流罩的大小；对于采用月面材料建造的月球基地，其规模决定了月面作业系统的工作周期和工作量大小。月球基地本体的制造费用、地月运输系统补给的次数和规模、月面作业系统的使用和维护费用等都是构建月球基地经济性的重点考虑因素。其次，月球基地的模块化程度越高，模块功能的利用率越高，构建月球基地的费用就会越少。最后，类似空间站等已实施航天项目和任务的技术继承性也会直接影响建造月球基地的费用。除此之外，各种构型在月面的组装难度、技术通用性等因素共同决定了构建月球基地的经费规模。

（三）宜居性

对于长期运行的月球基地的构型设计必须考虑宜居性。月球基地不仅需要提供安全可靠的工作环境，还必须保证居住人员的健康和舒适。影响月球基地宜居性的一个重要因素是私密空间，这对航天员的月面生活而言十分重要，曾经在空间站长期驻留的航天员一致认为私密空间是不可或缺的。另一个影响月球基地宜居性的重要因素是噪声。短期的低噪声环境会使人精力分散、沟通困难，工作效率低下；长期处于高噪声环境会使人永久性丧失听力。为提高月球基地的宜居性，通常需将月球基地进行功能分区；把具有相似功能的设备集中在一起，把需求相抵触的设备分离开。在分区时有两个基本的主线因素：安静—噪声，个人—群体。通常情况下，工作区和休息区相互独立，并在二者之间设立过渡区；因个人心理需求等原因，个人卫生区应当与餐饮区分开，噪声区要远离休息区。

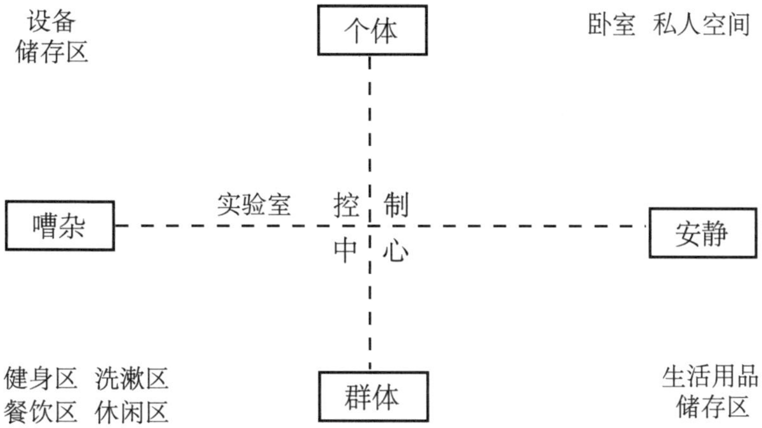

图 5-1 月球基地本体系统主要区域划分

（四）可扩展性

从月球基地的发展阶段可以看出，月球基地的建设是一个循序渐进的过程。在初级阶段可能只是建设一个或几个舱段，到了中级阶段将进一步扩大规模，到达高级阶段后达到最大规模。月球基地规模的扩大并非是重新建设一个月球基地，而是充分利用已有设备，在其基础上进行扩展。因此对月球基地构型设计的一个评价指标就是可扩展性。可扩展性要求月球基地构型应当为其进一步扩展留有足够的空间和节点接口。因此，参考国际空间站的构型设计，月球基地留有节点舱是十分必要的，并且应当具备从多个方向上进行扩展的能力。

二、月球基地构型设计

月球基地本体一般由多个舱段组成，且各舱段间保持相对独立，通常采用模块化建设思路。月球基地结构及构建方案须充分考虑月球基地的选址、月球基地科学研究和资源开发任务目标等相关的月球基地工程总体目标的要求。

月球基地构型可以分为平面型、垂直型和混合型。

1. 平面型是指月球基地各舱段在同一平面布局。

2. 垂直型是指各舱段在垂直方向上布局，即可在月球垂直空间——向月面上方或月面下方布局。

3. 混合型则是在平面和垂直方向均有模块布局。

通常月球基地建设初期优先考虑技术难度相对较小的平面型，之后逐步向混合型发展。

月球基地构型又可以分为开环式、闭环式和混合式三类。

1. 开环式构型是指所有舱段不形成闭合通路，最简单的构型为所有模块以线性方式逐个连接起来，如一字形。

2. 闭环式构型是指所有舱段最终形成闭合的通路，即所有模块的两端均与其他模块连接，如三角形或矩形。在闭环式构型月球基地，航天员从一个区域到达另一个区域可以有两种路径，因此闭环式构型在安全性上更具有优势。

3. 混合式构型是指开环式和闭环式的综合应用。

月球基地的基本构型还可分为线形、环形、放射形、分支形和串形。见图 5-2。

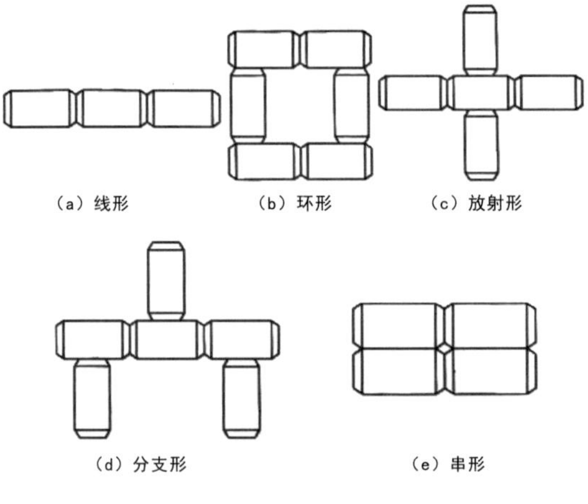

（a）线形　（b）环形　（c）放射形

（d）分支形　（e）串形

图 5-2 月球基地构型

（1）线形构型月球基地

与其他构型相比，线形构型最为简单，具有一个主道路主通路，可以是直线形、阶梯形、波浪形、弧形和螺旋形等。这种构型的月球基地扩展能力强，可以在两端进行无限扩展；其主要缺点是基地内部的人员和货物运输需要通过多个舱段，如果其中的某个模块出现故障，将影响整个月球基地内部运输的通畅，航天员也有可能因此而被困在某个舱段中，因此安全性相对较低。

图 5-3 线形构型月球基地

（2）环形构型月球基地

若将线形构型月球基地的两端相连就变成了环形月球基地。这种构型仍然只有一个主通路，可以有分支，但是它形成了一个闭合回路。下图给出了环形月球基地的示意图，其中一个舱段脱离了主通路。

图 5-4 环形构型月球基地

（3）放射形构型月球基地

放射形构型月球基地是以一个舱段为核心，在至少两个方向上线形扩张。核心舱段是主要功能区，向外辐射的舱段提供辅助功能，辅助功能舱段可以作为私人区域或休闲区域。放射形构型月球基地最大的优点是每一个辅助功能区都有通道

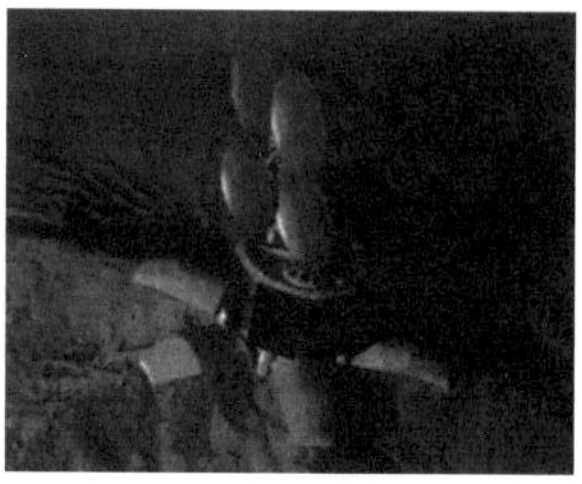

图 5-5 放射形构型月球基地

与核心区相连。

（4）分支形构型月球基地

若核心舱段有多个，则构成一个主通路，但非闭环，而是分支形成辅助通路，月球基地整个构型也就演化成为分支形构型。分支形构型便于整个基地功能区域的分布，同时形成了过渡区域，如从公共区到私人区、从噪声区到安静区、从主功能区到辅助功能区的过渡。同时分支通路可以继续形成更小的分支通路，这种构型与地球上的家庭式住房布局类似。

图 5-6 分支形构型月球基地

（5）串形构型月球基地

从线形构型主线路上扩展出一条线路或多条线路就形成了串形构型。串形构型没有闭合的循环通路，其最大特点是有一个大的中间区域。每种构型都可依据月球基地功能和任务的需要，提供各种活动区域，包括科学实验区、私人生活区、起居室、休闲区。例如，当月球基地需要适用于航天员轮班工作和休息时，可将其设计成含一个独立工作区、多个独立私人生活区的构型。但是，无论哪种构型都需要针对可靠性和安全性进行冗余设计，都需要提供双重出口，便于应急救生。

图 5-7 串形构型月球基地

三、月球基地结构

月球基地的结构设计需适应月面特殊环境，且需满足设计和建造的任务要求。由于需考虑保障人的生理需求，载人月球基地结构设计比无人月球基地结构设计更为复杂。质量、尺寸和经济因素等限制条件要求从地球上运送的结构件必须轻质、高强度、长寿命且易连接。月球基地本体结构本质上为一个压力舱，其外部压力为零，由材料质量和保护层产生的静态载荷也非常小。依据建筑材料和结构形式的不同，国际上提出了多种月球基地的结构类型，总结起来可分为刚性舱结构、可展开式结构和建造式结构三种。

（一）刚性舱结构月球基地

刚性舱结构需要在地球上加工、制造、组装后通过地月运输系统运送到月球表面。刚性舱段通常由金属材料制成，其设计加工过程可以充分借鉴空间站的舱段设计经验，整体来看技术难度较低，技术成熟度较高。也有专家提出可以将刚性舱和月面着陆器的设计相结合，即月面着陆器着陆月面后可以直接作为基地的一个舱段为航天员提供安全保护。由于这种结构无法折叠或展开，所以提供的工作和生活空间较为有限。若要得到更大的舱体空间或者进行基地扩展，则需要地月运输系统进行多次运输。

（二）可展开式结构月球基地

可展开式结构需要在月球表面展开后才能使用。这类月球基地也需要在地球上加工、制造、组装，之后通过运载火箭直接发射到月球表面。与刚性舱结构不同，这类月球基地通常由柔性材料制成，可以进行折叠装载。可展开式月球基地的结构可以是充气式，也可以是机械展开式，或者两者相结合。结构材料可以全部由柔性材料构成，也可以由刚性芯材和柔性蒙皮构成。主结构由于可以进行折叠装载，所以在尺寸上受运载约束较小，而且相同容积下质量也相对较轻。

但是可展开式结构也有明显的缺点，尤其是充气展开结构，由于其柔性的特点，月球基地内部设备难以依靠主结构内壁作为支撑，只能安装在月面上；如果设备有高度要求，还要再安装支撑机构，因此会降低月球基地内部的空间利用率。可展开式结构的另一个缺点是，当其表面直接暴露在月面时，辐射、微流星体冲击和月球交变热环境会导致材料的退化。舱壁的材料必须具有足够的强度以承受压力，同时也要具有足够的柔性，避免在折叠和包装时损坏。为了减小振动在月壤与舱体之间引起的磨损，需要在舱体结构上覆盖抗磨纤维保护层或涂层。因此，可展开式结构材料需具备的特性包括：轻质、高弹性模量、可控热膨胀系数、不易损伤、高强度和易加工。目前，最具有应用前景的一种可展开式结构材料是高级纤维强化复合材料，它具有可裁剪性和轻质的特点，是具有空间环境应用特性的最典型的材料之一。

（三）建造式结构月球基地

采用月面资源作为建筑材料的建造式月球基地是另一种结构方案。建造式月球基地可以建造在月面以上，也可以依据地理条件建造在月面以下，或者半月面以下，甚至建造在溶洞里。与另外两种月球基地结构相比，建造式结构的扩展性更强，可以根据需要建造成形式多样的月球基地。需要特别指出的是，由于月球表面环境恶劣，需要进行多重防护，单是银河宇宙射线就要求岩石屏蔽防护的厚度不能小于 2 米（可能是 10 米或更厚）。由于月壤具有非常高的绝热性能，月表之下的温度变化也较为平缓，可以使月球基地更容易维持一个合适的热环境。因此，永久性月球基地，特别是对于长期有人驻留的居住舱特别适合建造于月面下。

扩展资料

月球基地构建发展前景

月球基地的构建是一项复杂的工程，人机联合作业是必然的需求。对月面工程机械性能、规模的需求取决于所建月球基地的规模和航天员参与的程度。同时月面工程机械和机器人必须满足寿命长、操作方便、轻质、小巧、多功能和能够实现遥控操作等要求。为了缩短任务周期，月球基地在构建过程中，可以先由机器人到月面进行前期准备工作，然后再派航天员到月面，并且航天员可以分批轮流在月面开展工作。

各国科学家对月球基地的结构及构建方案都提出了丰富多彩的设想，但须指出的是，在月面严酷的空间环境下，降低对月面复杂作业任务的要求，降低对能源系统的大功率要求，减少对航天员从事复杂人工作业的需求，时刻考虑月面任务的安全性和可靠性，提高效益，降低风险，是从事载人航天任务始终遵循的目标。

第二节 评估与总结

评估测试题

1. 如果你来设计月球基地结构，你会选择哪种月球基地结构呢？

____

____

____

2. 如果你来构建月球基地，你还会用到哪些机械设备呢？

____

____

____

3. 查一查月球基地的能源系统都包括什么？

____

____

____

本章总结

本章我们了解了月球基地的构型设计，学习了月球基地的结构，明白了月球基地的构建要求，以下几个重点，一起回顾吧！

◆ 月球基地构型可以分为平面型、垂直型和混合型。

◆ 月球基地构型设计的主要考虑因素包括人员安全性、经济性、宜居性和可扩展性等几个方面。

◆ 月球基地结构可分为刚性舱结构、可展开式结构和建造式结构三种。

第六章
月球基地结构设计（二）

上一章中我们对月球基地的构型进行了相关的设计，本章我们将对月球基地的能源系统及热控系统进行相关设计，小组成员可查阅相关文献后进行讨论，进行相关设计。

第一节 基地能源系统设计

问题引入

在前述章节的学习中，我们知道月夜相当于地球的14日左右，我国的嫦娥四号也是在月昼工作月夜休眠，那么要想让月球基地里的工作人员像在地球一样生活，月球基地的能源该怎样供给呢？

月夜时的能源该如何合理分配呢？

小组活动

活动主题：

月球基地能源系统设计。

活动过程：

总结前边章节所学知识，概括月球的基本环境，查阅能源供应的方式以及储存方式进行月球基地能源系统的设计。

活动建议：

查阅国际空间站当前的能源供应系统，作为设计能源系统的参考，组内讨论可行的能源供应与存储方式，组长可按照查阅到的内容进行分工，查阅后进行组内共享。

活动成果：

可将组内设计的月球基地能源系统结构用思维导图形式表示出来。

文献链接

一、能源系统结构

能源系统承担月球基地能量的产生、储存和控制管理等任务，在整个任务期间为月球基地提供充足的能源供给，而月球基地对能量的总需求量则取决于月球基地的规模大小和任务内容。因此，月球基地的能源系统将分为能源的供应、储存和管理与分配三部分，分别对应着月球基地能源系统的三个子系统。

1. 能源供应子系统（可利用核能与太阳能）

2. 能源储存子系统（可采用蓄电池组与燃料电池）

3.能源管理与分配子系统（可采用电源控制器与配电器）

图 6-1 表明了能源供给系统的设计原则、能量流向和能源系统三个子系统间的相互关系。

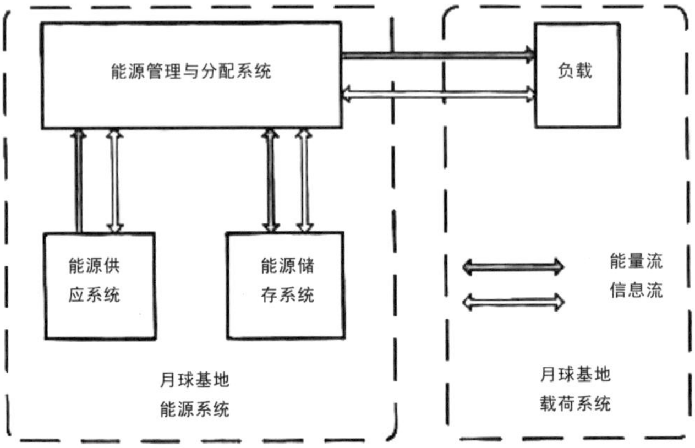

图 6-1 能源供给系统

在供能方面，负载功率与能源供应时间的关系见图 6-2。从图中可以看出，月球基地如果短时间运行，可以利用化学能和蓄电池供能；如果长时间运行，特别是大功率、长期运行的月球基地，核能源和太阳能组合方案将是最好的选择。在储能方面，可再生氢氧燃料电池由于具有很高的比能量，并且寿命较长，因此非常适用于月球基地，可作为最主要的储能方式；同时锂离子蓄电池由于其轻质、小体积和低温性能方面的优势，也可作为备份的储能方式。

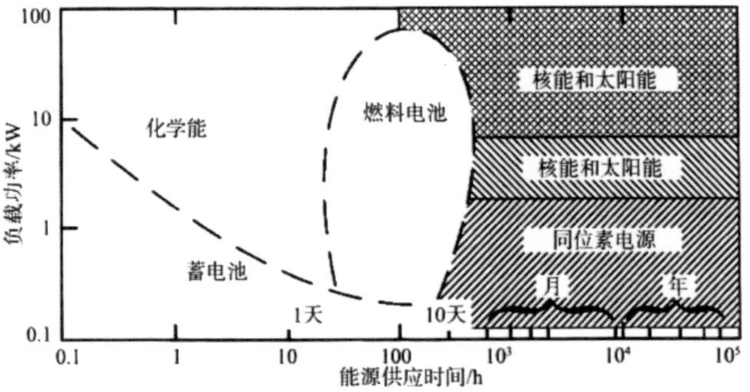

图 6-2 负载功率与能源供应时间的关系图

图 6-3 展示了月球基地整个能源系统的能量供给方式，可分成供能和储能两部分，其中太阳能供电主要由太阳能光伏发电和太阳能热动力发电（聚能器）两部分组成，核能供电则包括核反应堆发电和放射性同位素发电两部分，能源储存则包括热能储存、化学能储存和机械能储存三部分。

无人月球基地主要依靠太阳能和燃料电池提供能源，而有人月球基地的能源需求将显著增加，尤其是航天员进驻基地后，必须保证基地能源的稳定供应。此时单一的太阳能供电无法满足供能需求，只有依靠多种供能方式组合才能满足需求。大规模的月球基地将采用大型太阳电池阵与核电源作为主供电电源，其他电源作为辅助能源或能源备份。而具体的能源输出功率要根据月球基地的规模和进驻人数来确定。

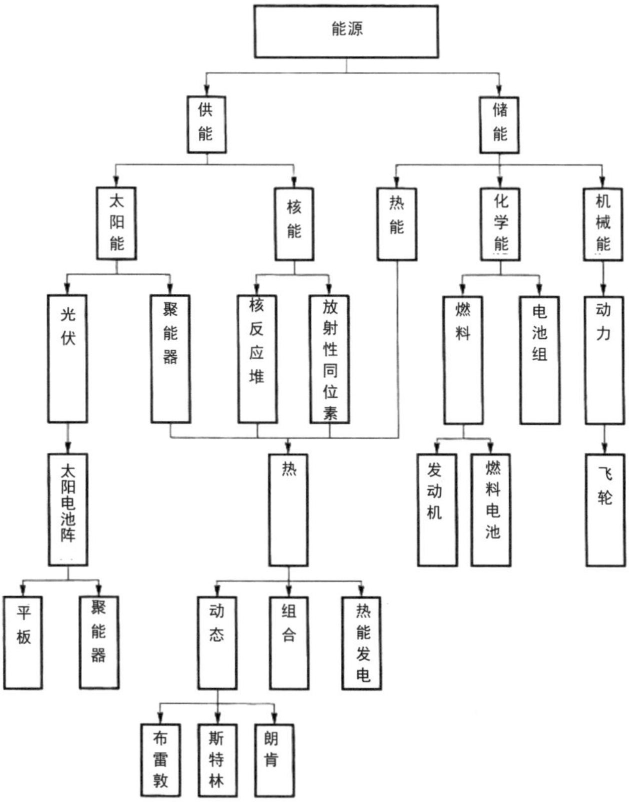

图 6-3 月球基地能源系统能量供给方式框图

布雷敦：指一种简单循环燃气轮机的热力循环方式。

斯特林：指一种通过气体受热膨胀、遇冷压缩而产动力的热力循环方式。

郎肯：指一种以水蒸气作为制冷剂的热力循环方式。

月球基地需要连续的能量供给方式，而月球基地的负载需求大小决定了能源系统的设计方案。能源系统进行方案设计时需要考虑安全性、费用、质量、地理位置、环境影响和寿命等因素，这些都会对方案设计产生影响。在不同的时期，月球基地建设的能源需求也有所不同，因此采取的供能方案也会有所不同。按建设规模划分，可分为小型基地（功耗在几十千瓦量级）、中型基地（功耗在百千瓦量级）、大型基地（功耗在兆瓦量级）。小型基地的能源需求较小，而且大部分供能设备、原料等都需要从地球携带，因此要求供能方式尽可能简单、方便；而大型基地的能源需求量巨大，同时也可以有效地利用一部分月球资源，因此就需要将各种能源方案有机结合起来，进而发挥最大的功用。

二、小型基地能源方案

小型月球基地能源需求量小，只要实现人员的短期驻留即可。另外，大部分的月球资源还无法开发，所以此时所有的供能设备、供能原料等均要从地球携带。

因此，小型月球基地的能源方案以简单、快捷为主。采用太阳能 + 可再生燃料电池的主能源方案，可以完成一个闭合的能量循环，同时技术成熟，可靠性高。如果基地选址在非南极地区，鉴于月夜温度偏低，且供能需求不大的原因，可以采用部分同位素电源供电，不仅可以为能源系统供电，同时也可以为热控系统提供热源。

在有人员常驻的月球基地建成后，要经常进行月面活动，常用的活动工具是加压月球车和航天服。这类工具对电源功率要求较小，但对空间都有严格的限制，通过前文的论述，月球车和航天服最适宜的供能方式是锂离子蓄电池。

另外，当小型月球基地建成后，航天员在月球表面进行科学探测时，需要一个紧急避难所为 4 名航天员提供最多 5 天的生存住处，实现对空间辐射的防护，并且在发生日珥时对航天员进行保护，提供生命保障。因此，月球表面紧急避难所设计需求是：

1.4 个人 5 天的居住所；

2. 提供 20 克 / 立方厘米的屏蔽密度，实现对空间辐射的屏蔽；

3. 具有生命保障系统，航天员身穿舱外活动航天服，可以提供 6 小时的生命维持及 2 小时的拓展延伸。

针对紧急避难所的需求，目前所具有的技术状态如表 6-1 所示。

表 6-1 紧急避难所的能源需求与当前技术状态

需求	当前技术状态
恒定的 10.7 千瓦功率	一次燃料电池 PFC 可以提供小于 25 千瓦的能量
持续工作 5 天	现有 PFC 可以完成小于 10 天的短时任务
工作安全性	PFC 不需要安全屏蔽，但是需要安全预防氢气爆炸
与避难所的接近程度	PFC 不产生放射性物质，工作温度 62；摄氏度，与避难所相隔离
最小体积	PFC 可达到 2 立方米
最小质量	PFC 可实现 1112 千克
最小展开面积	PFC 需要 18 平方米

注：PFC——磷酸燃料电池。

三、中型基地能源方案

中型能源基地与小型能源基地相比，供能需求大幅增加，简单的晶体硅太阳能电池成本高，质量大，携带不便，无法建立大规模太阳电池阵。因此需要柔性

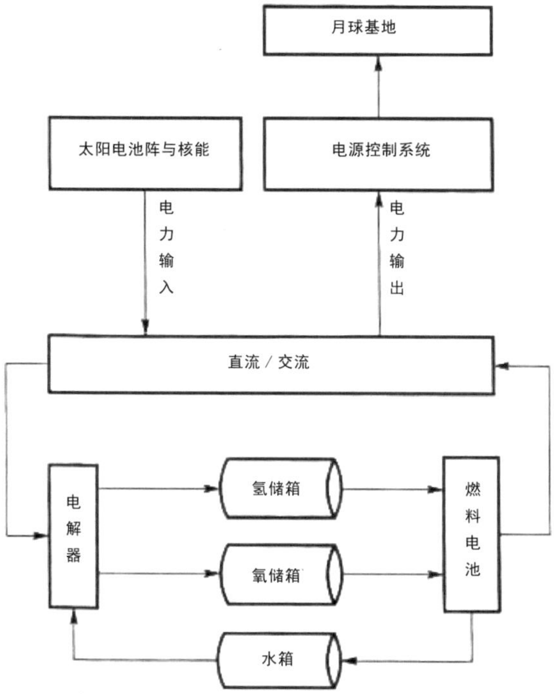

图 6-4 中型月球基地能源方案

薄膜太阳电池阵来代替传统晶体硅太阳能电池，便于实现大面积和大批量的连续生产。

中型的月球基地将采用柔性薄膜太阳电池阵 / 核能 + 再生燃料电池联合供电的方式。通过电源控制系统输出稳定的母线电压，并对电压进行变换，输出月球基地负载所需的各类电压。图 6-4 为中型月球基地能源方案示意图，图中所示为利用太阳能、核能提供电能，再利用从地球带来的水完成可再生燃料电池的能量循环。

图 6-5 是美国设想的太阳能电池 + 可再生燃料电池发电系统，并将其作为月球基地电源系统首选技术方案，该方案正处于关键技术攻关和原理样机研制阶段。

图 6-5 美国永久性月球基地及太阳能电池＋可再生燃料电池电源系统设想

四、大型基地能源方案

大型月球基地尽管能源消耗非常巨大，但同时也具备了有效开发月球资源的条件。因此大型月球基地的能源方案需要将各种资源合理安排和搭配，减少不必要的能源消耗与浪费。图 6-6 为大型月球基地的能源供应方案。

该方案中将动力区、能源区和资源区从月球基地本体中划分出来。能源区通过大型太阳电池阵和核能源为动力区和生活区提供电力，生活区利用燃料电池提供电能和热能，动力区通过电解器将水重新转换为推进系统所需要的氢和氧。

另外，还有一种大型月球基地能源系统的设想方案，即氢气、氧气将作为能源与资源的传输媒介，能源区也将远离月球基地本身，与资源区搭配建设；资源区提供氦 -3 作为核电站原料；能源区利用电解器，将资源区提炼出来的水电解成氢气和氧气后，一方面传输回月球基地，再通过燃料电池转化为电能与水，另一方面可以提供给动力区作为低温推进剂，如图 6-7 所示。大型能源基地的运转需要惊人的耗电量，因此整套方案的设计主旨就是高效地利用月球资源，同时尽可能减少不必要的消耗。上述整套能源系统具有如下优点。

1. 能源区远离月球基地，避免了核辐射对人员的影响，同时也避免了月球基地附近扬起的大量月尘对太阳电池阵的影响。

2. 能源传输以氢和氧作为媒介，可以减少远距离电能传输产生的损耗，同时也将开采的水资源输送回基地。

3. 能源区产生的氢和氧可以直接输运到动力区作为低温推进剂。

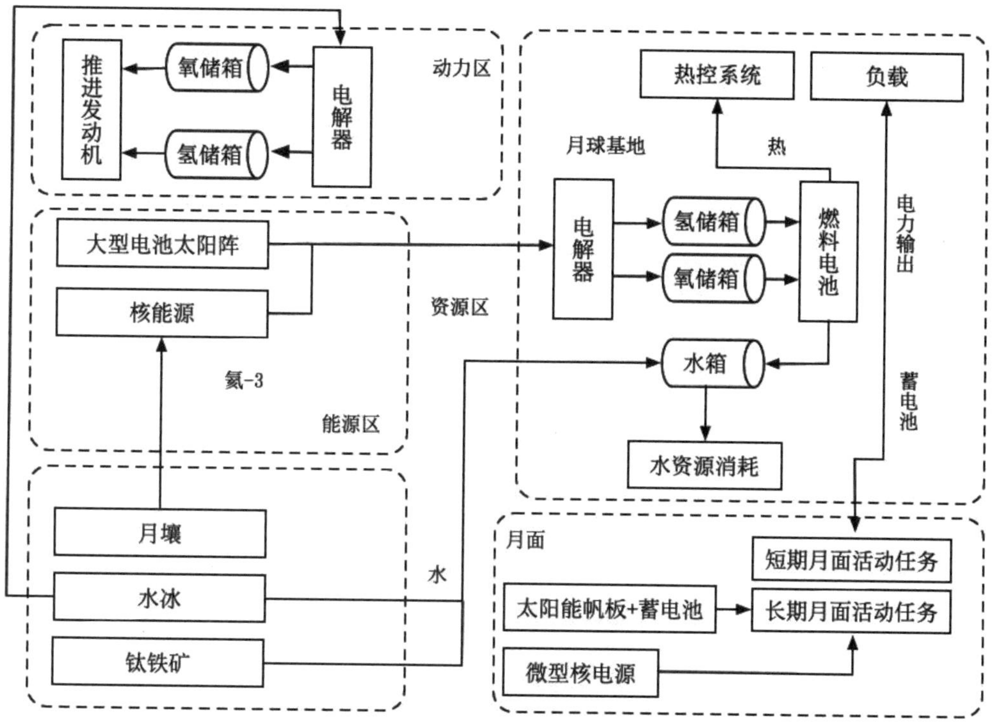

图 6-6 大型月球基地能源方案

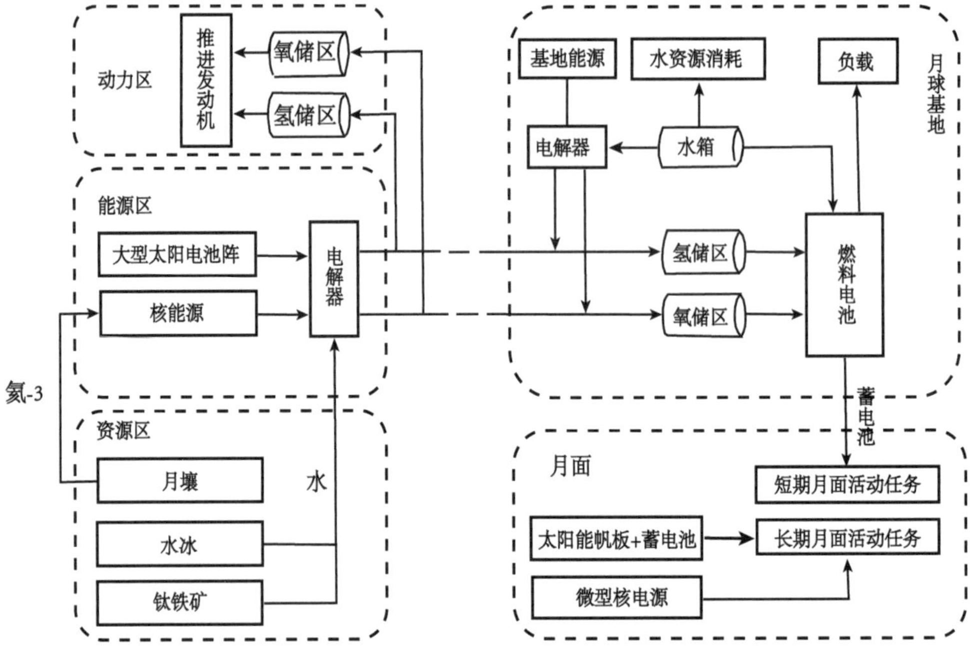

图 6-7 大型月球基地能源方案二

此外，一些小规模的月面活动依然由基地提供的蓄电池供能，如果有大型月面活动，需要远离月球基地几天甚至十几天时，就需要携带小型太阳能及蓄电池组供电装置（图 6-8 为一辆小型供电车，包括 4 个太阳能帆板和 4 组蓄电池）或者一个微型的核电源进行供电。

图 6-8 小型供电车

扩展资料

月球基地能源方案汇总表

能源方案	小型月球基地	中型月球基地	大型月球基地	用途
晶体硅太阳电池	√			主 / 辅助功能系统
柔性薄膜太阳电池		√	√	主供能系统
太阳能空间电站			√	主供能系统
微型核裂变核电站	√		√	辅助功能系统
核反应堆电站（热离子核反应堆）		√		主供能系统
核反应堆电站（氦 -3 核聚变）			√	主供能系统
同位素温差电源	√	√		辅助功能系统
锂离子蓄电池组	√	√	√	辅助功能系统
可再生氢氧燃料电池	√	√	√	主供能系统

第二节 基地热控系统设计

问题引入

月球的昼夜温差极大，可达300摄氏度（约573开氏度），那么怎样设计基地的热控系统呢？

小组活动

活动主题：

月球基地热控系统设计。

活动过程：

总结月球基地需要热控系统的原因，并进行分类，查阅月球基地热控系统设计中的影响因素，查阅有哪些技术可以应用到基地热控系统的设计中，设计月球基地热控系统。

活动成果：

将组内设计的月球基地能源系统结构用思维导图形式表示出来。

文献链接

特殊的月球地表环境对月球基地热控制系统提出了巨大的挑战。根据月球基地的各种复杂任务，特别是不同有效载荷对环境温度的要求，比如常温（室温）要求、低温要求、恒温要求和温度均匀性要求等，热控系统需进行区别对待。月球基地热控制系统的任务包括三个方面：一是，要求有室温的环境，以保证人、动物或植物的生存；二是，要求其在一定的温度范围内工作，以保证电子设备、仪器和机械设备的有效性和可靠工作，包括常温、低温和恒温等要求；三是，要求温度场的均匀性和稳定性，以保证有效载荷结构的稳定性。

一、月球基地热控系统设计原则

由于月球基地长期在月面运行，需经历月昼与月夜高低温交变等多种复杂月面环境变化，月球基地热控系统的设计在借鉴近地轨道航天器和深空探测器热控系统设计经验的基础上，须采用新理念、新方法。根据未来热控技术的发展趋势，月球基地热控系统应遵循以下设计原则。

（一）一体化原则

受地月空间运输能力及运输成本的限制，月球基地总体设计应综合考虑任务对能源、热控、环控系统的需求，开展月球基地的机电热一体化设计，通过系统集成设计来有效利用资源，以最小代价来实现热控系统的功能。

（二）热电联供原则

月球基地能源系统主要采用太阳能加核能方式作为供能系统的主要方案。尤其在月夜期间，通常考虑将核能源作为月球基地的电源和补偿加热的热源。由于核能源的电能利用方式和热能利用方式密不可分，因此常常采用热电联供技术，将电源方案和热控方案进行集成设计。

（三）主动热控原则

在利用成熟的被动热控技术的基础上，月球基地热控系统必须采取强有力的主动热控措施，以适应严酷的月球热环境。结合航天器热控技术的发展现状，可选择的主动控温措施有：泵驱动的单相流体回路、热控百叶窗、热开关等。另外，机械泵 / 毛细泵驱动的两相回路也具有广阔的应用前景。

（四）高裕度设计原则

月球基地的热控系统设计应留有足够的设计余量。月球基地通常需长期运行，经历的热环境多样，且存在相当多的未知影响因素。在此条件下，热控材料的热控退化特性也是未知的，各种未知因素增加了月球基地热控系统的设计风险，因此需采用高裕度设计。这样，一方面通过使用主动控温措施提高热控系统的调节能力；另一方面需要提高设备适应月球热环境的能力，放宽设备的工作温度范围，尤其是对工作温度比较敏感的设备。

二、月球基地热控系统

（一）月球基地内部热控

月球基地内部热控系统的功能是将基地各模块内部的热量予以收集并进行管理。

月球基地各模块热控要满足独立运行的要求，因此各模块热控系统要具备独立工作的能力，以支持独立运行阶段的热控需求。在各舱段热控分系统能够实现在独立工作的基础上，同时具备组合体热管理功能。

为应对不同的运行情况，需要核心模块向其他模块舱段进行并网供电支持。在此模式下，组合体的热量会重新分配，即核心模块的热负荷减少，其他舱段的热负荷增加，热控方案必须能够适应热负荷的变化，以保证各舱段的温度水平处于正常范围。实现适应各舱段热负荷变化的热控途径主要有两条：一是在各舱段间设置热量调控设备，以适应热负荷的动态变化，利用舱段间热量调控手段进行各舱段热量的再分配；二是各舱段热控方案按单舱段可能经历的最大热负荷进行设计，依靠单舱段较强的热排散能力适应热负荷动态变化。

流体回路和通风是两种主要的主动热控手段，流体回路的热量收集和传递能力更强，在舱段间热量传递较大时，采用流体回路手段更为有效。

（二）月球基地外部热控

月球基地外部热控是将内部热控收集的热量在月昼高温期间予以排散；在月夜低温期间，外部热控系统要实现对月球基地热量散失的抑制，如主要部件辐射器要收起，从而实现保温功能。对于月球基地组合体各舱段辐射器应满足联合散热的要求，一种途径是在舱段的流体回路间设置中间换热器，当某一辐射器出现故障时，对应舱段的热量通过舱段间的中间换热器可以传递到其余舱段的流体回路，利用其余舱段的辐射器向外部空间进行排散；另一种途径是在单舱段上设置辐射器备份，在辐射器出现故障时可以启用备份的流体回路或辐射器进行散热。两种途径都可以实现辐射器的备份功能。

三、月球基地热控系统设计影响因素

（一）月球热环境的影响

热环境是热控设计的输入条件，月球独特而严酷的热环境对月面工作的航天器热控设计影响巨大。月球是地球的重力梯度卫星，其自转与公转同步，即月球自转 1 周的时间恰好等于公转 1 周的时间。同时，月面基本不存在空气，因此月面外热流环境复杂和严酷。比如月球赤道附近，在 28 天的时间内，月面温度变化范围为负 180 ～ 120 摄氏度，高低温各持续约 14 天的时间，月面环境在月昼和月夜中分别扮演高温热源和低温热沉的角色。

（二）月球基地选址及构建方案的影响

航天器在月面工作期间，其本身遮挡阳光在月面形成的阴影在某些条件下对探测器的温度状态会造成较大的影响。比较典型的例子是，阿波罗计划中月球车轮胎在光照面和阴影中的温度会出现较大差异，驾驶月球车的航天员不得不经常调整车的姿态和方向来缓解这个问题。

而对于固定式月球基地，在月昼近 354 小时的时间里，月球基地在太阳热流和红外热流的共同作用下，仪器设备的散热非常困难。月球基地的散热功能应当通过辐射散热器来实现，基地本体可以开设散热面的方向有顶面、侧面和底面。根据对月面探测器辐射器散热方式的分析，辐射器背对月面朝向深空时，散热能力最大，但因月球基地外形尺寸的限制，顶部散热面为整个月球基地提供足够散热能力的可能性较小。由于月壤导热系数非常小，月面温度主要由辐射输入热流决定，因此月球基地对阳光的遮挡而形成的阴影区温度较低，在月球基地朝向月面阴影区一侧开设散热面存在理论上的可能性。

在月球南北极，温度会比较低，散热的问题好解决，对辐射器的设计要求相对比较低。一般情况下，月面探测器（包括月球基地的模块）的底面不适合开设散热面，而当月球基地模块位于月球较高纬度地区时，由于太阳高度角较小，在模块姿态和朝向稳定的情况下，如果月夜加热保温能源充足，有一定月夜保温措施，基地本体位于阴影区的侧面可以开设一定面积的散热面。相关计算表明，当基地本体内仪器最高温限为 50 摄氏度，着陆点纬度高于 45° 时，月球基地舱体处于阴影区的侧面理论上可以开设大面积散热面，且可以排散较大的热流。但这种设计思路对月面探测器的着陆姿态有较严格的要求，具体设计工作要和月球基地模块舱体的设计工作紧密结合才具备一定的可行性。

（三）其他因素的影响

在月球基地热控系统的构建中，还有一些其他影响因素不容忽视，如月球重力、月尘、微流星等 。

热控系统的重要部件——热管通常在航天器中要依赖微重力环境才能运转，对于月面相当于地球 1/6 的重力环境，热管的功能和布置方式将受到严重的限制。

热控系统的另一重要部件——辐射器长时间工作后必然会因月尘的逐步累积

而导致表面热物理性能衰减，从而导致散热功能下降甚至丧失，在前期的热控设计中必须提前考虑月尘的清理和辐射板的更换维修等因素，才能保证月球基地热控系统的长期运行。

同时，月尘的微观结构边缘异常尖锐和锋利，会对暴露在本体外面的热控仪器设备造成不可预知的损害阿；此外，由于没有大气的阻拦，微流星可以直达月表，暴露在外的热控系统管路必须充分考虑针对微流星撞击的防护设计。

扩展资料

典型月球基地热控方案设想

目前许多国家的月球基地尚处于方案设想阶段，月球基地的热控系统设计距工程方案较远。下面针对一种适应短期任务的典型月球基地热控方案设想进行简介。

方案中月球基地采用模块化设计，主要组成部分包括核心的生活/实验舱体、独立的太阳能电池板模块、能源存储模块、通信模块等。从各模块热控独立设计的思路出发，在结合月球基地总体设计的基础上，将密封舱体和开放式的模块分别进行单独的热控设计，其思路充分继承月面着陆器的热控设计思想。

月球基地的主体舱体采用密封充气舱体，外部除开设必要的散热面外，其余部分用多层材料进行包覆，以尽量隔绝外部太阳热流和月表红外热流的影响。顶部开设的散热面部分在月夜来临之际需关闭，达到保温的效果。在核心舱内部依靠流体回路和通风组件来实现内部温度的调节。流体回路将基地内部多余的热量送到辐射器进行排散。

能源部分的太阳电池板和通信模块，与核心舱体分开放置，其本身的热控依赖于自身的温度耐受能力。除常规的多层包覆外，对于太阳能电池板的驱动机构和通信模块的电子器件，采用同位素加热器单元和热开关相结合的方式来实现月夜低温时的保温。月球基地的主要能源部分单独放置在核心舱体附近，这一部分包括储能组件和同位素放射性热源温差发电机模块等，其热控部分需独立设计。因舱体为开放式结构，可充分继承开放式结构月面着陆器（如我国的探月二期工程）

的热控设计，热控分系统采用以两相流体回路为核心的热控方案解决月夜温度保持问题，以可变热导热管解决地月转移阶段、环月飞行及月昼期间的高温散热问题。同位素能源的热量通过可控的流体回路向核心舱输送。在月昼高温期间，切断热输送，同位素能源的热量通过自身的辐射器进行排散。

第三节 评估与总结

评估测试题

1. 试一试设计专属于你的月球基地热控系统。

____

____

____

2. 查一查月球基地的生命保障系统都包括什么？

____

____

____

3. 查一查月球基地的通信导航系统都包括什么？

____

____

____

本章总结

本章我们了解了月球基地的能源系统，学习了月球基地的热控系统，以下几个重点，一起回顾吧！

◆ 月球基地的能源系统分为：能源供应子系统、能源储存子系统、能源管理与分配子系统。

◆ 小型基地能源方案、中型基地能源方案、大型基地能源方案。

◆ 月球基地热控系统的设计原则有：一体化原则、热电联供原则、主动热控原则、高裕度设计原则。

◆ 月球基地内部热控系统、月球基地外部热控系统。

◆ 月球基地热控系统方案的特点。

第七章
月球基地功能设计（一）

本章我们进行月球基地的功能设计，包括生命保障系统及通信导航系统。生命保障功能与通信导航功能为月球基地的基础功能，人类如果要在月球基地上生存下去，必须具备这两个功能。

第一节 基地生命保障功能设计

问题引入

设想人类要在月球基地进行生活，需要满足哪些条件来保障我们的生活呢？

除了室内的活动的正常进行外，我们需要对基地外进行探索，需要哪些辅助设施呢？

小组活动

活动主题：

月球基地生命保障功能设计。

活动形式：

用文字的形式表示生命保障功能。

活动过程：

小组成员讨论，我们现在生活中必不可少的环节有哪些？

从地球携带食物较为昂贵，基地内如何保障食物的供应？优先种植哪些植物？养殖哪些动物？

如何实现基地内的水资源、氧气的循环利用？

在基地中产生的生活废物如何进行处理？

如何保障基地居住人员的安全与健康？

航天员去执行舱外任务需要哪些保障设施？

小组内讨论后得出结论，并说明原因。

活动建议：

查阅北京航空航天大学的“月宫一号”相关资料，了解“月宫 365”实验，作为部分参考资料。

查阅国际空间站中宇航员的生活情况，作为设计的部分参考资料。

活动成果：

将组内设计的月球基地生命保障功能用文字形式表示出来。

文献链接

一、系统需求与约束

人类的生存依赖于地球生物圈，一旦脱离地球生物圈而生活在月球空间环境下，低温、真空、辐射等恶劣环境将直接威胁到人类的生命。因此，月球基地生命保障系统是实现航天员在地外天体长期生存的重要保障。月球基地生命保障系统需要在密闭空间内创造出适宜的大气压力、气体成分、温度、湿度等适合人类居住的环境条件，提供水、氧气和食品等生存必需的物质条件，以及提供航天员月面活动作业所需的保障条件。

二、生理需求与约束

保障航天员的生命安全是月球基地生命保障系统的基本目标，因此，航天员的生理需求与约束是月球基地生命保障系统设计最基本的驱动力。图 7-1 是航天员与生命保障系统关系框图，从图中可知生理需求包括航天员代谢率与大气需求、饮食与营养、废物管理、航天员健康与安全四个方面的内容。

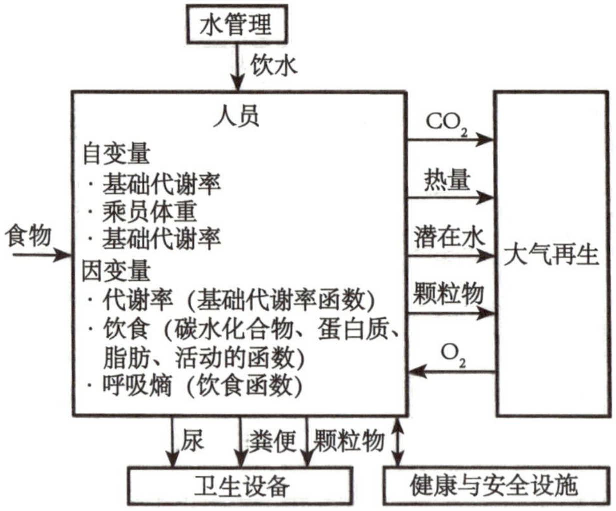

图 7-1 航天员与生命保障系统关系框图

航天员代谢率与大气需求是生命保障系统设计的重要决定因素。大气需求的主要指标包括压力舱内的大气成分与压力、湿度与温度、污染物含量等。表 7-1 为美国国家航空航天局公布的空间温度为 21 摄氏度时每人每天标准代谢负荷数据，表 7-2 为典型的空间居住大气环境，表 7-3 为国际空间站航天员的代谢值。

表 7-1 美国国家航空航天局公布的 21 摄氏度时每人每天标准代谢负荷数据

	单位时间代谢 /（千焦 / 小时）	时间 / 小时	总代谢 / 千焦
现热负荷			
睡眠	243	8	1 944
轻作业	333	5	1 665
中作业	344	9	3 096
重作业	354	2	708
合计			7 413
潜热辐射			
睡眠	74	8	592
轻作业	143	5	715
中作业	238	9	2 142
重作业	492	2	984
合计			4 433
总代谢			11 846

表 7-2 典型的空间居住大气环境

大气参数	标称值
总压力	99.9 ～ 102.7 千帕
O_2 压力	19.5 ～ 23.1 千帕
N_2 压力	79 千帕
CO_2 压力	0.4 千帕
温度	18.3 ～ 23.9 摄氏度
相对湿度	30% ～ 70%
换气速度	0.076 ～ 0.203 米 / 秒

表 7-3 国际空间站航天员的代谢值

参数	输入 / 输出范围 /[千克 /（人 • 天）]	国际空间站标称值 /[千克 /（人•天）]
氧代谢消耗	0.636 ～ 1	0.84
CO_2 产生	0.726 ～ 1.226	1.00
饮用水	2.27 ～ 3.63	3.57①
尿产生	1.27 ～ 2.27	1.50
食物（干）	0.5 ～ 0.863	0.62
清洁用水	1.36 ～ 9	5.45②

注:①含饮用水 1.3 千克 /(人·天)、食物准备 1.77 千克 /(人·天)、食物含水 0.5 千克 /(人·天)
②含洗手用水 3.18 千克 /（人·天）、淋浴用水 2.27 千克 /（人·天），洗衣、洗碗等用水待定。

饮食是人类能量的基本来源，人们从蔬菜、水果、肉等食物中获取碳水化合物、脂肪、蛋白质、维生素、矿物质和水等营养成分，支持人类的工作、学习等行为。利用人的身高、体重、年龄和性别可估算出人的能量需求，成年男性一般为 4.2 千焦 /（千克 · 小时），女性一般比男性要低 10%，下表为成年男性日能量预算。对于短期月球基地任务，可采用相对简单的食物，类似于目前的载人空间任务。对于长期的月球基地任务，必须采用生物再生技术供应食物，并补给调味料、香料等附加消耗品。

表 7-4 成年男性日能量预算

行为	能量消耗 /（千焦 / 天）
一般消耗	7 140
休息	8 400
休闲	9 660
工作	10 080 ～ 20 160

月球基地废物处理能力取决于基地可用的能源、补给品及存储空间等因素，表 7-5 为国际空间站日产生废品载荷。月球基地废物处理与循环利用的主要对象是食品废物和人体排泄物，完善基地的废物处理系统将有效降低生命保障系统的地面补给需求，降低基地对水和营养元素的地面依赖。

表 7-5 国际空间站日产生废品载荷

废品产生	数量 /[千克 /（人 • 天）]
CO_2 代谢	1.00
汗（液态）	1.82
汗（固态、干）	0.018
尿（液态）	1.50
尿（固态、干）	0.06
粪便（固态，干）	0.032
代谢水	0.354
尿冲洗用水	0.50
清洗用水	0.427
食物准备用水	0.027
洗衣用水	0.06
活性炭	0.06
食物包装	0.454
垃圾	0.817

月球基地医疗保障是月球基地生命保障系统的重要组成部分。目前，人们对长期地外天体生存对航天员医学影响的了解十分有限，主要的技术数据来源于近地轨道的空间活动，如短期近地飞行、空间站驻留任务等。

微重力对航天员的影响包括：空间运动疾病、骨密度流失、肌肉萎缩等。对空间运动疾病而言，考虑到月球仅有地球 1/6 重力水平，因此，空间运动疾病在月球基地上不容易出现。在阿波罗任务中，航天员舱外活动并未出现空间运动疾病。对于骨密度流失和肌肉萎缩而言，尽管在阿波罗任务中出现了这种情况，但无法确定其原因究竟是月球环境，还是轨道转移中的微重力环境。同时，有文献研究称，由于月球仅有地球 1/6 的重力，人体骨密度流失情况将大幅缓解。

总体而言，月球基地低重力环境对航天员的医学影响研究还处于比较初级的阶段，后续的设计应结合空间站和载人登月的人体环境适应性试验结果，深入分析防范低重力环境医学疾病的具体措防护施。除此之外，对于月球基地任务更为关键的医学需求是减压病、空间辐射影响、微生物污染和月尘引起的肺部疾病。在月球基地生命保障系统中，相应的人员安排与设备配置均应重点考虑上述需求。

月球基地乘员中必须有经过专业培训的医疗人员，负责航天员的生理监测、疾病诊疗，进行医学实验，积累人体生理数据，分析月球基地环境对人体的影响。月球基地提供必需的医疗设备保障航天员患病情况下的诊疗。医疗设备的种类无法也不需要覆盖所有可能的疾病，只需覆盖一般性疾病及月球基地支持诊治的疾病，对于可能导致航天员死亡或者持续患病的情况，必须迅速返回地球诊治。

三、心理需求与约束

在长期的月球基地任务中，航天员要面临脱离传统社会生活、长时间高压力工作、远离家庭成员等众多影响心理健康的客观环境，这些环境可能导致航天员出现严重的心理反应，如抑郁、烦躁和易怒等。在美国和俄罗斯的空间飞行任务中，都曾出现由于航天员心理问题影响任务进展的事件。因此，在长期的月球基地任务中，必须充分重视航天员心理健康的维护。

月球基地生命保障系统不仅要考虑航天员生存的安全性，还要考虑居住环境的舒适性，为航天员提供足够的私人空间，并配备必需的家居生活用品，尽量缩小在月球基地中生活与在地球上生活的差异，减轻航天员的心理压力。

在月球基地，航天员心理健康的维护涉及两方面的工作，一是任务规划时充分考虑航天员的心理需求；二是在任务前和任务中制定可行的心理问题防范措施。在开展月球基地任务规划时，应着重分析任务周期、工作强度、工作日程、乘员因素（人数、国籍、性别、文化背景、语言、性格、技能、角色）、基地自由活动空间、基地自动化程度对航天员心理的影响。任务中和任务前的心理问题防范措施应该充分借鉴空间站和载人登月任务的既有经验，并积极利用空间站任务和载人登月任务锻炼航天员的协调合作能力，为后续乘员组开展月球基地长期任务奠定基础。表 7-6 给出了月球基地航天员心理问题的防范措施，其中，与家人交流是预防航天员心理问题最有效的措施。

表 7-6 月球基地航天员心理问题防范措施

措施	实施途径
个人调整	运动健身、低强度工作
成员间调整	拜访其他乘员，调整工作角色，弱化乘员矛盾等
休闲	阅读、听音乐、看视频、玩游戏等
交流	与家人和朋友进行音频、视频、邮件交流
信息	了解国内新闻、国际动态、科技发展情况等

四、工作需求与约束

在月球基地各项任务功能中，保障航天员生存是最基本的要求，与此相对应的环境控制、居住保障、医疗保障和安全保障是月球基地生命保障系统中最基本的功能需求。在此基础上，需建立航天员的工作环境，为航天员进行月球试验研究、开发月球资源等工作创造条件。月球基地生命保障系统的工作需求与约束主要体现为舱外活动的工作环境，即为航天员提供必要的舱外操作维修工具、生命保障资源补给的辅助设施等。

需要指出的是，航天员工作需求与约束应随着月球基地规模的扩大和任务规划的调整而改变，例如在月球基地建设初期，航天员的活动多在月球基地周边，此时舱外活动保障主要依靠舱外航天服或便携式生命保障系统。随着月球基地规模的扩大和月球资源利用能力的提升，需要提供人机联合作业系统，辅助航天员完成重体力活动或危险的操作任务。当航天员的活动范围进一步扩大后，便需要提供月面固定或移动的生命保障资源补给设备，如月球驿站、水氧补给车和食品补给车等，以便于实施远距离、复杂的月面作业任务。

文献链接

自 2004 年起，北京航空航天大学刘红教授科研团队提出了一系列原创性的新思路，突破了核心单元技术、系统构建、启动、运行与调控等系列关键技术，从无到有建立了我国空间生物再生生命保障技术体系，2013 年自主研制出世界上首个四生物链环的人工闭合生态系统——空间基地生物再生生命保障系统地基综合实验装置“月宫一号”。

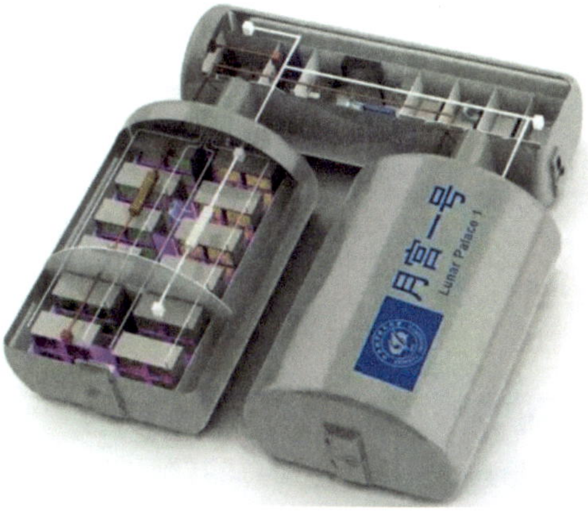

图 7-2 月宫 2 号设计图

2014 年成功完成了我国首次长期多人高闭合度密闭实验，在“月宫一号”的人工闭合生态系统中实现了 105 天循环再生人类生存所需的 100% 氧气和水、55% 食物，系统总闭合度达到了 97%。在世界上首次成功实现了四生物链环的人工闭合生态系统长期稳定运行。

2017 年 5 月 10 日，经过了升级发展后，“月宫一号”开始了“月宫 365”实验，并于 2018 年 5 月 15 日圆满完成了世界上时间最长、闭合度最高的生物再生生命保障系统实验，4 人 370 天长期密闭生存实验的闭合度达到了 98% 以上，其中食物再生 80% 以上，再次刷新系统闭合度的世界纪录。同时打破了系统连续运行时间时长（370 天）与乘员连续驻留时长的世界纪录（200 天）。

第二节 月地通信导航功能

问题引入

我们知道嫦娥四号在月球背面通过鹊桥号中继卫星与地面进行通信，那么根据你的月球基地选址情况，基地如何与地球进行通信呢？

在地球上我们可以通过北斗导航系统、GPS进行导航，在月球上没有空气的情况下，如何实现导航功能呢？

小组活动

活动主题：

月球基地通信导航功能设计。

活动形式：

用文字的形式表示通信导航功能。

活动过程：

查询嫦娥四号是如何与地面进行通信联系的，查阅相关资料，了解通信的方式和种类，根据你的基地选址，进行通信功能的设计。

了解北斗导航系统的导航原理，分析月球基地需要满足哪些要素，进行月球基地导航功能设计，将结果在组内进行分享讨论。

活动建议：

组长可根据面临的问题，安排不同的组员查阅不同板块的资料，然后在组内分享，阅读文献链接中的资料。

活动成果：

将组内设计的月球基地通信导航功能用文字形式表示出来。

文献链接

人类星际探索活动要面对恶劣的空间环境，为了保证人类外太空活动顺利进行，以及人类自身的生命安全，通信与导航系统是保证深空探测活动顺利进行的必备条件。有了无人月球探测活动和载人登月活动的基础，月球基地的通信与导航系统的技术成熟度相比其他系统要更高些。

第七章 月球基地功能设计（一）

一、通信任务分析

支持月球基地工程的通信与导航系统是伴随着月球探测活动任务而不断发展起来的。

在无人探月阶段，采用将探测卫星等小型航天器发射到环绕月球轨道，以及在月面释放小型月球车巡视探测等方式来研究月球，此时数据传输速率低，大约为 100 比特 / 秒，数据可存储，采用 S 或 X 频段链路与地面深空站进行间断性通信。

在载人登月探测阶段，采用月面着陆器登陆到月球，采集样本探测作业后，航天员乘坐飞船并返回地球，可以实现 2 ～ 4 人规模的航天员的月面活动，还可利用载人月球车或月面机器人进行挖掘或探索工作。此阶段月球通信的数据量将大大增加，可利用采用 Ka 频段进行 10 ～ 100 兆比特 / 秒量级数据传输，可利用中继卫星通信保证地面能够随时接收到航天员舱外活动高清图像，并开展科研活动。同时月面终端增多，将以月面着陆器为通信中心，支持舱外活动时航天员、月球车、月面机器人等相互间通信及导航。

到了载人月球基地初级阶段，人类将在月面建立可移动式居住点，并进一步扩大月球探测范围。在此阶段，将建立完整的月球中继卫星系统，具有全月面覆盖通信及导航功能；月面活动目标进一步增多，需要进行无线组网，通信速率达到每秒十到几十兆比特。

最后建立永久性月球基地，人类在月球的居住点进一步增多，各个月球居住点将组成局域网或城域网，与地球直接通信或通过月球中继卫星系统，通信能力达到每秒数百甚至上千兆比特。人类可以进行全月球任何地点的探索，月面活动对象大大增加，无线网络覆盖能力进一步提高。人类还可以基于月球基地支持更远距离的载人深空探测活动，也可与其他星球通信系统组成星际网络。

二、通信对象分析

在不同发展阶段，月球基地的主要通信对象也不同，主要包括以下几类。

（一）地球通信站系统

与地球通信是在月球基地上工作生活的航天员与地球上人类进行沟通的基本方式。

（二）月球轨道中继通信卫星

美国星座计划要求每隔 12 小时能够有 8 小时的对地通信的覆盖率。假设月球基地建设在南极或北极，对地球直接通信的时间将不超过 50%，建设在其他区域的月球基地与地球直接通信的时间将会更少。因此有必要增加月球轨道的中继通信卫星数量，提高对地球的通信时长和通信链路的可靠性，进一步保证人类月球探测活动的安全性。

（三）月球表面单元系统

包括月面着陆器、密封或非密封月球车、航天员、月球机器人、月面工程机械装置、月面着陆起飞设施、能源设施等，甚至还可能是前期登月活动留下的月球舱，以及应急救生飞行器。这些月球表面单元是进行月球资源开采和科学研究必不可少的装置。

（四）地—月拉格朗日点附近的航天器

在拉格朗日点同样可以放置月球中继通信卫星，以支持月球基地与地球、月球表面单元之间的通信与导航任务。例如在欧洲的曙光探测计划中，月球基地还可以支持拉格朗日点的空间站与月球表面单元间的通信，以及拉格朗日点的空间站与地球之间的通信。

（五）星际航天器或其他外星球

月球基地的任务之一是能够支持载人深空探测活动，在未来载人火星任务或其他星际任务中，月球基地可以作为通信中继站以支持星际航天器或其他星球通信系统与地球之间的通信。

根据通信对象的不同，支持月球基地任务的通信与导航系统可划分为如下几个部分：

1. 月球基地与地球深空网地面站间的通信系统。

2. 月球基地与月球中继卫星间的通信系统。

3. 月球基地与其他月表单元间的通信系统。

4. 月球基地支持其他月表单元活动的导航系统。

5. 月球基地与星际航天器或其他星球的通信系统。

三、导航系统分析

由于月球环境的特殊性，目前地球上成熟的移动导航定位技术并不适用于月面活动目标，主要有以下三个原因。

（一）月球大气层中几乎没有空气，因此依赖空气介质传播的技术手段无法使用，如超声波传感器。

（二）月球上暂时没有全球定位系统，因此无法利用全球定位系统为月面目标提供导航定位服务。

（三）月球磁场很弱，无法利用磁罗盘等设备对月面活动目标进行导航。

因此，上述因素都对月面活动目标的定位提出了更高的要求和挑战。

月球基地与月面目标导航系统主要通过月球基地或月球区域导航系统为月面上的活动目标（如舱外活动航天员、月球车和机器人等）提供位置和速度信息，根据月面活动目标与月球基地的距离，可分为月球基地相对导航、月面终端导航和月球中继卫星导航。

四、导航系统方案

（一）月球基地相对导航方案

对于月面活动目标距月球基地较近的情况，如航天员徒步在月球基地附近进行舱外活动，或驾驶月球车在月球基地周围巡视，可采用相对导航方法，以月球基地为参考点，计算月面活动目标相对月球基地的位置、速度信息。

（二）月面终端导航方案

对于月面活动目标距月球基地较远的情况，如月面巡视设备远离月球基地进行月球资源勘测，月球基地与月面活动目标之间的导航数据受月面地形和月球曲率的影响无法正常传送，而自主相对导航的累积误差又太大，此时可采用月面终端导航系统对月面活动目标进行导航。

月面终端导航系统是指利用在月球表面设置的一定数量月面终端（如传感器、月标、导航站等）进行导航。当月面活动目标行驶到远离月球基地的区域时，可通过该区域附近设立的多个月面终端进行测距、测速，采用与全球定位系统相似的原理即可计算出其本身的位置和速度信息。该方案中最关键的一点是合理设置月面终端，若其设置得离活动目标太近会影响导航精度；若设置得离活动目标太远则月面地形会影响和妨碍两者之间的导航数据传输。因此，月面终端应设置在活动目标任务路径周围一定范围内，保持对月面活动目标的持续导航。

（三）月球中继卫星导航方案

对于月面活动目标距月球基地非常远的情况，若采用月面终端导航系统则实施难度和成本太高，此时可采用类似全球定位系统的月球中继卫星导航系统。对于月球全球卫星导航系统，考虑成本和运用需求，在月球基地建设初期，月球表面用户无须动态测量，只需静态定位即可为地月转移飞行器提供实时导航，因此早期设计者提出的星座设计是用较少数量的卫星来为月球提供非连续的覆盖，采用多普勒或测距的跟踪定位方法设计月球卫星的轨道，为其导航与定位，故月球全球卫星导航系统中卫星数量较地球全球卫星导航系统卫星数量要少。

文献链接

中国成功发射人类首个月球信号中继卫星

2018 年 5 月，成功发射嫦娥四号中继卫星“鹊桥”。“鹊桥”号是我国首颗，也是世界首颗运行于地月拉格朗日 L2 点的通信卫星，作为数据中转站，它能够实时的把在月球背面着陆的嫦娥四号探测器发出的科学数据第一时间传回地球，具有重大的科学与工程意义，也是人类探索宇宙的又一有力尝试。

根据设计，“鹊桥”卫星在 L2 点做拟周期运动，通过定期轨控保持轨道的稳定性，实现对着陆器和巡视器的中继通信覆盖。

第三节 评估与总结

评估测试题

1. 你认为月球基地的生命保障系统还需要增加哪些？

____

____

____

2. 请你设置一套专属于你的月球基地导航系统方案。

____

____

____

3. 查一查月球基地的防护系统都包括什么？

____

____

____

本章总结

本章我们了解了月球基地的生命保障系统，学习了月球基地的通信导航系统，以下几个重点，一起回顾吧！

◆ 月球基地生命保障系统的保障条件：生理需求与约束、心理需求与约束、工作需求与约束。

◆ 月球基地通信导航系统的通信任务分析、通信对象分析。

◆ 月球基地通信导航系统的导航系统分析、导航系统方案。

第八章
月球基地功能设计（二）

本章我们将进行月球基地防护系统的设计。众所周知，载人航天任务航天器已脱离了地球稠密大气层的保护，使航天员和设备暴露于空间辐射、流星体、空间碎片、宇宙天体等各种空间威胁之中。为保障航天员的健康与生命安全，以及航天任务的顺利进行，防护系统作为载人航天飞行系统必不可少的组成部分，一直受到载人航天领域研究人员的广泛关注。

月球基地是继近地空间站之后又一长任务周期的载人航天任务。与近地轨道飞行不同，月球基地脱离了地球磁场的自然保护，虽然避免了一些诸如地磁捕获辐射等威胁的影响，但由于其长期滞留在地球以外的深空环境，遭受大太阳粒子事件、银河宇宙射线、流星体等各种空间威胁的概率大大增加，且长期受到月球环境中月尘的影响，以及地月运输难度与成本相对较大等影响因素，决定了单纯采用近地轨道载人航天的质量屏蔽（即一定厚度的物质能够屏蔽一定能量范围的粒子辐射，并使贯穿粒子的能量有所降低）等方法已无法满足人员和设备在月球长期驻留和运行的需求，这就对月球基地防护系统提出了更高的要求。

第一节 基地防护系统设计

问题引入

月球基地面临的安全威胁有哪些？
如何对这些威胁采取有效的防护呢？

小组活动

活动主题：

月球基地防护系统设计。

活动形式：

用文字的形式表示月球基地防护设计。

活动过程：

查阅相关资料，总结月球基地会面临哪些方面的威胁？将各种威胁要素罗列出来。

小组内讨论如何对这些威胁要素进行防护，并得出最终结论，将结果在组内进行讨论分享。

活动建议：

可查阅当前月球面临的宇宙环境以及月球自身环境，总结会对月球基地造成哪些威胁，罗列威胁要素后，组长可安排不同的组员查阅不同板块的资料，然后在组内分享。阅读文献链接中的资料。

活动成果：

将组内设计的月球基地安全防护功能用文字形式表示出来。

文献链接

一、月球基地面临的威胁

月球基地所面临的主要威胁来自于空间辐射、月尘、流星体和其他小天体等，其中人类对空间辐射和月尘的研究由来已久，经过多年的月球探测，已初步掌握了空间辐射和月尘的基本情况。

（一）空间辐射

空间辐射环境包括空间天然的和人工产生的电离辐射和非电离辐射。天然非电离辐射源主要来自于太阳的光辐射和射频辐射，对生物机体能造成严重损伤的辐射主要来自于空间电离辐射。月球基地任务中，空间天然的电离辐射源主要包括银河宇宙辐射和太阳粒子事件。人工辐射源是基地中使用的辐射源，包括核反应堆、γ 射线高度计和各种空间实验仪器及放射性同位素等。

空间电离辐射环境与地面常见的辐射源的主要区别在于以下几方面。

1．粒子类型不同。空间辐射粒子包含元素周期表中几乎所有元素的核，且带有与原子序数相同的电荷。

2．能量范围不同。空间辐射粒子的能量范围很宽，约 $10^{3}\sim10^{20}$eV，且为连续能谱，而地面加速产生的粒子基本为单能量粒子。

3. 入射方向不同。空间辐射粒子从 4π 立体角度同时入射到作用物质，而地面加速器产生的粒子在某一时刻只能单向入射。

4. 辐射环境不同。空间辐射环境不是恒定的，其强度随时间和空间而变化，尤其是太阳粒子事件是随机发生的，发生时间和事件粒子注量（粒子注量指为不论以任何方向进入以该点为中心的小球体的粒子数目）难以预报，因此暴露在空间的时间越长，遇到太阳粒子事件的概率越大。

（二）空间辐射的危害

电离辐射对人体和材料的辐射损伤机理为：电离辐射与物质相互作用，并在物质内部引起原子的电离、激发、核反应和化学反应。

1. 对人体的影响主要表现在两个方面，即严重的短期影响和有延迟的长期影响。其中长期影响是空间辐射的主要危害，典型的有癌症、遗传性疾病等。短期影响主要发生在接受辐射后的几天，甚至更短的时间内，主要症状表现为辐射病的症状，如恶心、呕吐、身体不适、食欲不振和疲劳等。在高电离辐射剂量下，大约两周的潜伏期后，还会出现腹泻、出血、脱发等症状。当辐射剂量为 1 ～ 2 Gy（Gy 即戈瑞，戈瑞为辐射剂量单位，1Gy=1J/kg，表示 1 千克物质吸收了 1 焦耳的辐射能量）时，短时间内就会出现典型的临床症状。而这一级别的辐射剂量一般只有大的太阳粒子事件时才会产生，银河宇宙射线的辐射剂量相对较低，不会产生短期影响。表 8-1 为辐射吸收剂量与造成的身体危害的关系，可以看出，达到 1.5 戈瑞的剂量时，可能导致死亡。另一显著地遭受辐射危害的症状为呕吐，也可导致航天员死亡。

表 8-1 吸收辐射剂量与对人身体危害的关系

影响	剂量 / 戈瑞
血球数改变（群体）	0.15 ~ 0.25
血球数改变（个体）	0.5
呕吐阈值	1.0
致死阈值	1.5
LD_{50}（无医疗救治）	3.2 ~ 3.6
LD_{50}（有医疗救治）	4.8 ~ 5.4
LD_{50}（骨髓或血液干细胞移植）	11.0

注：LD_{50} 表示 50% 个体在一定时间内致死的辐射剂量。

长期影响一般在受到辐射数月或数年后才会显现，主要危害包括人体组织遭到破坏，罹患癌症、白内障、生殖系统疾病和影响后代发育等。高能空间辐射将对细胞造成生物损伤，包括细胞死亡、细胞变异和细胞瘤变异等。细胞瘤变异将导致肿瘤产生，甚至癌变。

2. 对设备的影响。电离辐射环境同样也会对设备与表面材料产生影响。对于半导体微电子而言，重离子穿过或质子发生核作用将导致设备状态的改变，即产生各种类型的短时间或永久性的单事件效应（又称单粒子效应，是指高能带电粒子在器件的灵敏区内产生的大量带电粒子现象），如扰动、烧毁等。在众多航天活动中，典型的辐射对设备的影响有，单粒子效应影响太阳电池阵半导体材料构成的光电单元，从而缩短电池阵寿命，电离粒子导致敏感器和视觉探测器的虚假背景噪声等。此外，辐射还会导致光学器件的暗色化和表面热特性变化（如辐射器），但不会改变材料的力学性能。目前辐射环境对设备与材料的影响还缺乏有力的数据支撑。

（三）月尘

月尘是指月球表面覆盖的尘土，主要是月球形成过程中陨石体反复撞击产生的未黏结的颗粒物质，主要由晶质颗粒与较大的火成岩碎块、剥离质碎片（包括大量的玻璃球粒）及微量金属颗粒组成。它是月球土壤中的细小成分（粒径 <1 毫米的月壤微粒一般称为月尘），散布于月球表面的各个角落，在微流星、静电悬浮、人类活动等因素的作用下四散飞扬，可以对航天员和航天器产生巨大危害。

（四）月尘的危害

月尘的危害主要体现在航天器光学元件、太阳电池、热控部件、机械部件等敏感表面，以及对航天员及支持系统的多种有害影响。

1. 对敏感元器件表面的危害

（1）对光学元件表面的危害

月尘如果附着在光学元件表面，会引起光的散射和光通量下降，使光学元件性能降低。此外，月尘还影响能见度，阿波罗登月舱着陆时火箭喷流吹起的月尘有时高达 30 ～ 50 米，致使登月舱着陆时往往下降到距月面 30 米高度仍无法看清月面，或造成光学仪器因月尘干扰而产生误判。

分析计算表明，假设所有的月尘都是球体（实际上只有 20%），当月尘累积至 3.5 毫克 / 平方厘米时，透射率衰减 50%。对于高表面积体积比的微粒，相同灰尘量，衰减量会更高，如假设所有月尘为立方体，透射率将下降 75%。而实际中大量月尘微粒含有很多孔隙，因此其透射率将比立方微粒情况更低。

（2）对太阳电池的危害

月尘对太阳电池的影响分为直接影响和间接影响两部分。直接影响为月尘对光线的遮挡导致太阳电池接收光线降低，进而使其输出功率降低；间接影响是月尘对太阳电池表面的覆盖使其热特性发生变化，进而影响其性能。

（3）对热辐射器的危害

月尘是导致辐射器性能降低的一个重要因素。美国约翰逊航天中心研究确定了月表土壤的热导率为 1.5×10^{-3} 瓦 /（米·度），预估温度为 350 开氏度时，热辐射率对热导率的比值为 2.0，对比覆盖灰尘的辐射器和洁净的辐射器辐射功率的差别，计算得到厚 54 微米的灰尘可以导致辐射器性能下降 25%，并随着厚度的增大辐射器性能继续下降。

（4）对机械及结构件的危害

如果月尘进入航天器机械结构中，会引起机械机构的卡死或磨损。在阿波罗计划的登月任务中，就出现了因月尘引起的机械结构的卡死故障，如漫游车运动机构、航天服拉链、关节锁紧机构等，以及造成阿波罗 -11 样品采集盒的密封失效。

2. 对航天员的危害

（1）对生命保障系统的危害

当航天员进行舱外活动时，靴子、手套、裤腿及工具表面等都会迅速沾染月尘，给航天员的生命保障系统带来危害。月尘会使靴子受损，而影响航天员的移动，甚至使航天员滑倒；使拉链阻塞，关节和管道闭锁；关节和手套口受阻而少量漏气；面罩、遮阳帽划伤，影响视野；微流星保护层被磨穿，多层隔热材料被磨透。此外，月球车仪表盘易被月尘覆盖，航天员用刷子进行除尘后，个别仪表因面板磨损严重而无法认读。

（2）对航天员身体健康的危害

短期月面停留任务中航天员受到月尘较小影响，但诸如月球基地这样的长期停留任务中月尘将对航天员的身体健康会形成重大威胁。

月尘中含有多种高反应活性的粉尘，其中包括大量的可吸入颗粒物（占10%），这些可吸入颗粒物中的粗颗粒、细颗粒和极细颗粒分别会对人体的不同部位造成不同程度的影响。研究表明，在低重力条件下，呼吸道对粉尘的净化作用会下降，在这种条件下细腻的月尘颗粒容易到达肺叶内部，甚至肺泡的深处，从而产生严重的后果。此外，月尘中含有可溶性微粒，当月尘进入体内，不溶性微粒被巨噬细胞、粘液纤毛或淋巴系统清除，而可溶性微粒依然停留在肺间质（肺间质是指肺组织内结缔组织、淋巴管、神经等肺泡间、终末气道上皮以外的支持组织）中，其中超细颗粒在某些情况下，能够转移到大脑，而类似的粒子可能到达肺的邻近器官，如肝脏等。

月尘的化学活性很强，航天员一旦吸入，这些表面活性物质就会与人体的肺细胞、血细胞等组织细胞发生反应，从而导致呼吸系统中度中毒，甚至患上慢性疾病。

月尘的成分比较复杂，其中含有的 Al_2O_3、SiO_2 及纳米铁颗粒，这些成分都已被证实对人体健康有严重威胁。其中的 Al_2O_3、SiO_2 是导致矽肺病的主要成分，矽肺病与地球上矿场工人易患的“尘肺病”类似。矽肺病早期患者只出现咳嗽、咳痰等呼吸系统疾病的症状，若病情继续恶化，就会出现呼吸困难、全身倦怠、衰弱、贫血等病症。矽肺病还能引发其他的病变，包括肺癌、支气管炎 / 慢性阻塞性肺部病变、肺结核、硬皮病，甚至会造成肾脏病变。纳米铁颗粒可能导致血液系统疾病。

由于月尘本身的物理特性，如其形状锋利、有锯齿状的尖峰，一旦人体沾染月尘，可能对皮肤、呼吸道黏膜、眼睛等产生物理性损伤。

二、辐射防护

辐射防护又称为放射防护。辐射防护是一门多学科、综合性的应用科学，涉及许多专业技术领域。辐射防护的根本目的是在不过分限制人类空间活动的前提下提供辐射防护的适当标准和手段，以防止确定性效应的发生，减少随机性效应的发生概率。辐射防护概念还涉及可接受的辐射危险性水平问题，它拥有科学和社会等多重属性。

月球探测活动期间，航天员必然暴露于空间辐射源，且远离地球，没有地球磁场保护，为降低空间辐射给航天员和设备带来的危害，需要采取一定的辐射防护措施。月球辐射防护可借鉴地面辐射防护的技术和经验，结合具体条件，设计合理可行的辐射防护方案。

宇宙空间中的电离辐射防护和地面有所不同，它受到航天器载荷质量限制等各种条件的制约，特别是需要地月运输的月球基地任务，增加1吨的质量所需要的费用是相当高的，而且运载火箭运载能力也限制了航天器质量。此外，空间电离辐射的能量高，完全屏蔽空间辐射是不可能的。因此，空间辐射防护的原则是在合理可行的条件下，尽量降低航天员接受的辐射照射。目前，适用于月球基地任务的典型辐射防护方法有质量屏蔽防护方法、化学药物防护方法和其他防护方法。

（一）质量屏蔽防护方法

由于带电粒子的阻止性能（对粒子注入的阻止作用）和射程（粒子穿透物质的最大或平均路程）主要与物质的质量与厚度有关，而屏蔽物质的密度差异较大，因此提出质量厚度的概念，即利用长度表示的厚度与物质密度的乘积，单位是克 /

平方米。

1. 结构的整体防护

质量屏蔽方法是目前主流的载人航天辐射防护方法。带电粒子在贯穿物质的过程中能量逐渐损失，最后因捕获足够数目的电子而停止。当屏蔽物质的厚度大于带电粒子在该物质中的射程时，入射粒子将被阻止在物质中。因此，一定厚度的物质能够屏蔽一定能量范围（由粒子种类决定）的粒子辐射，并使贯穿粒子的能量有所降低。通过查阅有关粒子的射程表，可以获得能量—射程关系，从而得到物质屏蔽的粒子能量范围，以及粒子贯穿物质后的能量衰减。

增加舱体的质量厚度将提高对运载火箭的运载能力需求，但代价很大。如一个容积为 30 立方米的圆形舱段，增加 10 克 / 立方米的物质屏蔽，需增加约 5 吨的质量。为降低 50% 的银河宇宙辐射剂量，需要 100 克 / 平方厘米的质量屏蔽厚度，防护太阳粒子事件则需 10 ～ 20 克 / 平方米的质量屏蔽厚度。可以看出，所增加的质量屏蔽，使航天器的质量和规模将大大增加，相应的运载能力需求将是无法承受的。在屏蔽质量分布方面，各向均匀分布是最优的选择，因此应利用航天器舱内各种仪器、设备、燃料、储存食物和水等物质进行优化合理布局，使航天员周围有相对比较均匀的质量屏蔽厚度，从而有效地降低航天员接受的辐射剂量。例如在设计空间站内部结构时，有意将水箱均匀分布在航天员生活区周围，以降低辐射的影响。

2. 局部防护

为防范宇宙空间中潜在的特大太阳粒子事件，可采用对航天员实施个体防护的手段，如在基地舱段内建造一个小的辐射应急屏蔽室，加强屏蔽室的质量屏蔽厚度，当发生特大太阳粒子事件时，航天员躲进屏蔽室内以降低辐射剂量。例如设计一个质量屏蔽厚度为 10 克 / 平方米、尺寸为 100 厘米 ×80 厘米 ×5 厘米的屏蔽室，质量约 350 千克，从而用较小的代价换取舱体整体质量的减少。此外，还可对航天员关键器官进行局部屏蔽，如屏蔽骨髓、淋巴组织、肾脏和肝脏等。实验证明，有效的局部防护可使防护效果大大提高，例如用质子照射动物腹部时，无防护存活率为 19.4%，有防护时可达到 50%。

3. 质量屏蔽存在的问题

质量屏蔽防护方法存在的主要问题是初级空间辐射与屏蔽材料相互作用可产生次级辐射，如反冲质子、次级中子和韧致辐射（带电粒子与原子核发生碰撞时突然减速发出的辐射）。随着质量屏蔽厚度的增加，次级辐射的剂量贡献也逐渐增大。当屏蔽厚度小于 10 克 / 立方米时，初级质子剂量远高于次级质子和次级 α 粒子的剂量；当屏蔽厚度在 20 克 / 立方米以上时，初级和次级质子的剂量就大体相同了。其中，次级低能中子的剂量由于具有很高的品质因数，其剂量当量的贡献十分明显。剂量随屏蔽厚度的降低在屏蔽厚度小于 10 克 / 立方米时比较明显，再增加质量厚度其防护效能将逐渐降低，考虑到次级粒子的剂量贡献，质量屏蔽厚度应适当选择，而不是越厚越好。

（二）化学药物防护方法

人体受到电离辐射照射前后服用某些药物能减轻辐射损伤。在放射医学中，高剂量照射易引起人恶心或呕吐，此时服用一些止吐的药物可减轻照射反应症状。当航天员出舱活动或星际飞行期间遭遇特大太阳粒子事件，使航天员在很短时间内接受很高的辐射剂量时，服用一些减轻急性效应的药物也是可行的。

（三）其他防护方法

1. 电场和磁场防护

利用磁场或电场把带电粒子从航天器引离，从而实现辐射防护。一般防护高能质子可用人工磁场，防护电子可用人工电场。磁场防护可采用超导材料，其能量需求相对较小，其优点是不产生次级辐射，但该方法的应用存在一系列的问题：①需要增加载荷质量，而且耗用航天器大量电能；②设计、生产、安装和维护十分复杂，防护系统安全性和可靠性相对较低；③人体长期暴露于高场强环境中，可能产生有害的生物效应；④由于磁场的捕获作用可能导致产生绕航天器的人工“捕获辐射带”。目前该方法尚处于探索阶段，离实际应用还有相当大的距离。

2. 选择合适的发射时间和出舱时间

在太阳活动极大年，发生太阳粒子事件的概率增加，而银河宇宙辐射强度降低;在太阳活动极小年，发生太阳粒子事件的概率减小，而银河宇宙辐射强度增加。当在近地轨道飞行且高度低于 400 千米时，发射时间的选择并不受太大影响；当进行星际飞行或完成月球基地任务时，则需针对空间辐射强度考虑发射时间。由于太阳粒子事件的发生及事件的规模难以预报，因此，短期的月球基地任务应选择在太阳活动极小年完成。当航天员出舱活动时，航天器的质量屏蔽不再发挥作用，航天员穿着舱外活动航天服直接暴露于航天器外面的辐射环境，此时更需要合理选择出舱时间和辐射防护方式。

3. 人员选拔

决定辐射效应的因素除性别、年龄外，遗传因素也是重要的影响因素。有一部分人更易发生辐射致癌，即所谓辐射致癌的遗传学易感性。在人员选拔时，从候选人群中剔除辐射易感人可降低航天任务的辐射损伤。

三、月尘防护与清除功能

综合国内外目前对月尘的防护和清除经验，月尘的防护与清除应建立在监测的基础上，以防护为主，清除为辅。相对月尘清除而言，对尘埃的预防更易实现，且一般不会增加额外消耗。此外一般的清除方法可能会擦伤设备敏感表面，并且由于月尘的吸附力很强，清除效率并不高。

（一）月尘的监测

月尘防护与清除的基础是对月尘的监测，总体来讲共分为三种方法，即光学法、碰撞探测法和质量沉积探测法。其中，光学法主要利用光散射探测技术对月尘的尺寸分布、形状、密度和速度等进行监测；碰撞探测法用于探测月尘的动态特性，主要利用压电传感器膜片监测当尘埃颗粒以一定速度碰撞传感器表面时产生的声波反推尘埃颗粒的动量；质量沉积探测法主要利用月尘沉积产生的间接效应，如引起石英晶体谐振频率变化或导致太阳电池输出功率降低来监测月尘沉积质量的变化。

通过监测，得到距着陆器不同距离处的尘埃沉积量随时间的关系，用于预估航天器热控系统、光学系统、太阳电池等关键部件受月尘影响的情况，进而确定是否需要在经过一定时间后对其进行清洁，或者采取特殊的防护措施。掌握月尘沉积和分布规律，可以为航天员选择出舱活动的时机和评估月尘对登月服的影响提供参考，有助于航天员辅助救生装置和环境检测设备的设计和改进；测得月尘沉积质量分布规律，可以指导月球基地合理布局，减少其在尘埃环境下的暴露，尽可能放置在远离尘埃沉积量大的地方；敏感仪器表面防护措施的选择，也是除尘设计的重要参考因素。

（二）月尘的防护

月尘防护应遵循合理规划人类活动、减少航天器关键部件在尘埃环境中暴露的原则。应在航天员出舱活动前设计月球车行进路线、限制进入敏感区域等，合理选择基地建设地点，设计特殊的基地布局减少月尘悬浮，利用地形特征或设备进行掩护等，减少运动部件对月尘的扰动，如设置月球车挡板，或采取措施使月表尘埃固化（利用微波熔融月表土壤）等。

月尘的防护方式可以分为主动防护和被动防护，主要方法有：改善机械及密封件的耐月尘性，采用自动防尘膜、纳米荷叶表面或涂层，利用电荷屏蔽设置导电防护膜等。

1. 改善机械及密封件

月表是一个超低气压、极度干燥的环境，航天器、登月服及月球车等的机械结构或密封部件在月尘的影响下，极易发生卡死或密封失效等故障。对这些部件的防护，一方面要遵循上述原则；另一方面，可以开发相应的耐尘埃器件，如耐尘埃连接器、耐磨损陶瓷材料、自润滑轴承、特殊耐月尘的登月服材料等。

2. 采用动防尘膜

阿波罗计划为光学相机和显示系统设计了一种自动防尘膜，这种防尘膜内有一个光电发射器和一个光电探测器，通过探测光电探测器发射的光线变化，可以感知防尘膜上沉积的月尘量大小，从而判断所受月尘污染是否达到某一程度；如果超过这一程度，防尘膜就会自动卷起，为相机更换新的防尘膜。为适应舱内和舱外两种使用环境，专门设计了一个舱外活动锁扣，便于航天员取放防尘膜。聚碳酸酯材料由于具有抗刮伤及光学性能好、空间应用久、出气性低的特点，而被选择作为防尘膜材料。该防尘膜可在 233 ～ 373 开氏度的温度环境下使用，满足了月表温度要求，可以为相机等成像设备提供保护；但其缺点是增加了设备质量，且需要消耗电能。

3. 采用纳米荷叶表面

纳米荷叶表面是一种具有自清洁、抗污染作用的仿生表面，开发这种表面的目的是对光学表面、登月服、太阳电池及其他敏感表面进行月尘防护。

纳米荷叶表面由于具有自清洁和抗污染的特性，在民用方面已广泛应用于汽车挡风玻璃、建筑物门窗、雷达、天线、生物医学材料、输水、输油管道、舰船外壁等。纳米荷叶表面具有超疏水性，使得液体容易凝聚，且极易滚动，从而带走污染。由于它的表面能低，使污染物的吸附力降低，基于这一特点，其可用于月尘防护。通过刻蚀、腐蚀、相分离与自组装、化学沉积与电沉积、溶胶—凝胶、静电纺丝法、水热法等制作方法，在具有微纳双结构的粗糙表面上用低表面能的物质进行修饰，便可以获得人造荷叶表面。

美国国家航空航天局戈达德空间飞行中心为验证纳米荷叶表面的月尘防护作用进行了地面模拟试验。研究人员以金属、玻璃、热控涂层和聚合物基底分别制作了荷叶表面，并模拟月尘对处理前后的样品进行覆盖，然后轻轻拍击样品，观察其防尘效果，发现经过处理后的表面能够极大减少月尘的吸附。

纳米荷叶表面的缺点是，粗糙程度增加导致对光线散射增加和表面机械性能降低，这一点为其在光学或其他敏感表面上的应用造成了困难。

4. 利用电荷屏蔽

使月尘带上电荷，用与之电荷相反的收集板进行吸附，从而避免敏感表面被月尘污染。月尘被吸附后电荷中和，便滑落到月球表面。可以通过一个 α 粒子源，如 ^{219}Po，对月尘进行辐照，由于 α 粒子在真空中有较长的射程，能使月尘带上正电荷，再通过带负电的收集板将其收集。当然也可以通过 β 粒子源和带正电的收集板来实现。该方法需要增加带电粒子源，且需要增加额外消耗。

5. 设置导电膜

对被防护表面镀一层导电膜（如氧化铟锡膜），将其接地，实现释放月尘所带静电，降低月尘的吸附能力，从而减少月尘吸附，便于清除。该方法需要与其他方法配合使用，而且可能影响敏感表面的性能。

（三）月尘的清除

对采取防护措施无效，或无法采取防护措施，且影响月面任务的设备或敏感表面，应尽量在不损伤表面性能和不消耗过多能量（如航天员的体力或能源）的原则下对其沾染的月尘进行清除。为防止月尘进入基地压力舱，污染舱内设备，应在舱外或泄压复压舱内进行清除。典型的月尘清除方法有机械清除、电帘除尘、CO_2冲洗、真空吸尘器除尘，以及超声法、激光法、等离子体法、凝法、黏胶法等。

1. 机械清除

机械清除是指在舱外和气闸舱内利用电机带动刷子或航天员使用刷子对污染表面进行清除，阿波罗计划使用了该方法。该方法的缺点是清除效果不佳，可能划伤表面，消耗大量体力和时间。

2. 电帘除尘

电帘除尘是利用电磁行波搬运宏观带电尘埃，即利用交流电平行电极产生的行波电场，通过静电力或介电泳力将微尘举起并搬运尘埃，因尘埃所带电荷的极性不同，将顺着或逆着电场的方向移动而被移除。该方法可以在舱外环境下应用，如太阳电池表面、光学表面或其他表面。电帘除尘的效率高，在地面试验中已得到证实。另外，电帘除尘对纺织表面的除尘效果也较好，可以考虑运用到登月服的月尘清除上。

电帘除尘的缺点在于要消耗一定的电能，在月尘累积到一定程度后，短暂开启电帘即可达到清除效果。

3. CO_2冲洗

这种方法是将压缩气体（CO_2）吹向待清除表面，喷气将克服灰尘对表面的黏附力。悬浮的月尘在重力作用下，离开敏感表面。该方法主要用于清洁细小尘埃（粒径 ≤1 微米），适于在气闸舱内使用。

4. 真空除尘器除尘

利用真空除尘器清除部件或登月服沾染的月尘，主要在气闸舱或居住舱内使用。利用吸尘器可以分离、转移并有效地收集月球尘埃，从而清除部件表面、登月服及气闸舱内的月尘。真空除尘器不仅可以辅助清除月尘，而且可以为气闸舱进行气体交换。

5. 磁场法除尘

月壤中含有无数纳米级大小、具有强磁性的月尘，其磁性系数随直径的减小而增大。磁场法除尘利用月尘的这种性质，采用磁性吸附完成除尘，其缺点在于需要了解不同地域、不同种类细小月尘磁性的差异。

6. 激光法除尘

当脉冲激光照射待清洁表面（一般为面积较大的天文望远镜）时，灰尘粒子产生瞬间热膨胀，从表面弹射出，从而达到清除灰尘的目的。该方法需要选择合适的参数，如脉冲波长、宽度、能量密度和脉冲数等，若使用不当，将造成敏感器件表面损伤。

7. 其他除尘方法

其他除尘方法，如超声法、等离子体法、凝胶法、粘胶法等，与其在地球上的应用情况类似，但要应用到月球环境下还需要解决环境适应性、能耗等问题。

第二节 评估与总结

评估测试题

1. 你会选择那种方式帮助航天员避免月尘的侵袭呢？请你想一想并设计方案。

2. 如何最大限度地保护航天员在太空中减少辐射的侵害？

3. 查一查除了书中介绍之外的其他月球基地相关知识并梳理。

本章总结

本章我们了解了月球基地面临的威胁，学习了月球基地的辐射防护，明白了月尘的防护与清除，以下几个重点，一起回顾吧！

◆ 月球基地所面临的主要威胁来自于空间辐射、月尘、流星体和其他小天体。

◆ 适用于月球基地任务的典型辐射防护方法有质量屏蔽防护方法、化学药物防护方法和其他防护方法。

◆ 月尘的防护与清除应建立在监测的基础上，以防护为主，清除为辅。

第九章 自选系统模块设计

第九章 月球基地自选系统模块设计

我们从第六章开始进行了月球基地的构型设计、能源系统设计、热控系统设计、生命保障系统设计、通信导航系统设计以及安全防护系统设计，但是如果在月球基地中正常生活及开展科研工作，这些是远远不够的，还需要以下系统的设计。

1. 月面作业系统设计。为月球基地航天员的各种月面活动和科学探测提供保障的系统。

2. 月球基地运营及后勤管理系统设计。对月球基地的所有活动的全过程的任务管理，包含月球基地的扩展扩建、月球基地运营物资定期补给、月球资源开采利用等。

3. 月球基地法律设计。太空活动也需要一系列的规范来约束，使之能够有序进行，并符合参与空间活动的国家的利益和人类的共同利益。

4. 地月空间运输系统设计。如何选择和确定地月空间运输的飞行模式等。

5. 月面着陆与起飞系统设计。主要包括载人和货运登月飞行器的着陆场以及着陆场的附属各种设施，负责为飞行器提供推进剂加注、货物装卸、人员往返、状态监测、防护和维修等支持功能。

小组活动

活动主题：

从上述系统中选择一个，也可以通过小组讨论选择其他的系统模块进行设计。

活动建议：

可查阅相关资料了解以上模块在地球上所采取的措施，结合月球环境进行相关设计；根据自身体会及查阅文献后的知识，进行其他模块的设计。

第十章

月球基地设计答辩

第十章 月球基地设计答辩

在进行了月球基地的设计之后，开展本章节。本章是建立在各小组将本组月球基地各模块设计整理集结成稿后进行的。

展示内容可包含当前的设计成果及相应设计原因。展示形式不限，可充分发挥组内成员特点进行相应展示。

综合实践课程教学系列丛书

中国探月工程与月球基地设计（下册）

卢飏 郑建良 张霞 著

天津社会科学院出版社

目　录

第十一章 月球探测历程

东西方文学作品中关于月亮的意象具有一定的差异性。在我国，月亮具有“举头望明月，低头思故乡”的思乡、思亲的意象；而在西方，月亮除了具有人类伴侣的精神依托之外，还是恐惧、不详和多变的象征。在西方的许多文学作品中，可以发现这种情况。吸血鬼与狼人的文学形象中，狼人就是受月亮的影响而变迁，这种怪物平常与常人无异，到了月圆之夜就会变身为暴虐的狼。西方人也认为月亮比较多变，所以有 as changeable as the moon（像月亮一样多变）的说法。

尽管东西方对月亮的看法不尽相同，作为地球的近邻——地球的唯一一个天然卫星——月球，时刻在吸引着科学家们去探索。本章我们将学习中外对月球的探测情况、我国开展月球探测的重要意义以及当前已探测到的月球的基本情况缩影。

第一节　国外月球探测发展历程

问题引入

你知道国外月球探测是从什么时候开始的吗？是什么因素让人们开始了探月的行动和工程？

小组活动

活动主题：

国外月球探测历程及任务梳理。

考察能力：

文献阅读、查找与整理能力，重点内容提炼能力，合作与沟通能力。

活动过程：

确定本小组成员，选择一种方式进行任务分配。查找资料、阅读文献，获得相关知识。小组讨论整理出一整套资料，将资料选择一种形式展现出来。

活动建议：

以小组为单位开展本活动，可以延续原来的学习小组，也可以重新调整小组人员，确立新的小组组长。组长分配好任务，可以依据年代划分任务，也可以依据不同国家划分任务。若选择按照年代划分任务，开始之前小组需要确定国外最早的月球探测活动，然后依据此按照 5 年、10 年或 20 年来划分；若依据不同国家划分任务，可以相应地给美国和苏联分配多一位组员。最后的展现形式不限，可以是时间轴的形式、表格形式、饼状图形式等，能够说明问题即可。可以按照发射时间、发射国家、运载火箭、载荷、成功与否、科学任务等角度进行展开，讨论整理。

文献链接

一、国外早期的月球探测活动

20 世纪 50 年代末期至 70 年代中期，前苏联与美国在空间技术方面展开了激烈的竞争，在 1959 ~ 1976 年的 18 年中，先后发射了 108 颗月球探测器，发射成功 45 颗，其中美国 27 颗，前苏联 18 颗。美国六次阿波罗载人登月飞船和前苏联三次不载人月球号探测器一共采集了 382 千克的月球岩石、土壤样品，通过对这些月球样品的分析与系统研究，大大丰富与加深了人类对月球的认识。

这期间的月球探测器主要包括：苏联的“月球号”(Luna）和“探测号”(Zond）两个系列的月球探测器，美国的“先驱者号”（Pioneer)、“徘徊者号”（Ranger)、“勘测者号”（Surveyor)、月球轨道环行器（Lunar Orbiter）以及阿波罗系列月球探测器。

图 11-1 “月球号”探测器

思考讨论

查一查全世界范围内首次月球探测活动是什么？

二、国外早期月球探测活动的目的和影响分析

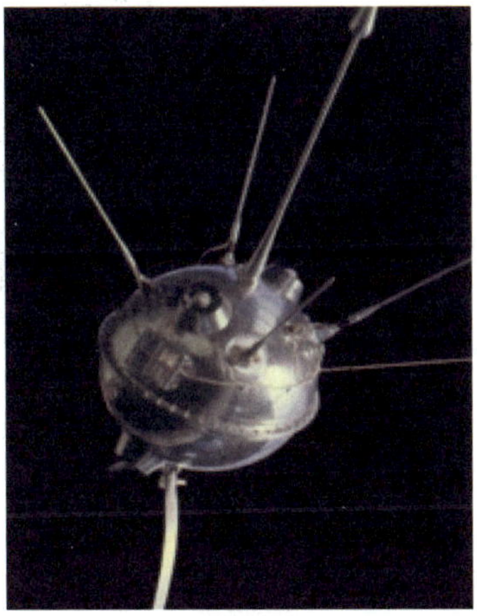

图 11-2 月球 1 号探测器

早期的月球探测活动是人类进行太阳系空间探测的历史性开端。为了研究地球以及地球以外的世界，认识宇宙的奥秘，满足科技需求，提升国家影响力和增强民族凝聚力，美国和苏联在当时开展了空间竞赛，并取得了巨大的成就，主要成果和影响如下。

1. 获得了无价的月球样品、数据和登月经验，大大促进了人类对月球、地球和太阳系的认识，带动和催生了一系列基础科学与应用科学的创新和发展。

2. 美国与苏联正是通过月球探测，建立和完善了庞大的航天工业和技术体系。

3. 月球探测技术在军事和民用领域得到延伸和二次开发，形成了一大批高科技工业群体，通过对探测技术的消化、优化和二次开发，产生出显著的社会经济效益。

4. 促进了美国科学技术乃至国民经济在世界的领先地位，以及美国在世界上能与苏联抗衡的超级大国地位。

5. 开创了人类航天活动的新领域，并为后续的深空探测奠定了坚实的技术基础。早期的月球探测活动的科技带动性和社会效益十分显著。以阿波罗工程为例，二十世纪七八十年代支撑美国国民经济高速发展的关键技术，大部分直接来自阿波罗工程的第二代或第三代技术，或这些技术的衍生物，通过月球探测活动发展起来的技术已融入人们的日常生活和整个工业体系。

图 11-3 人类在月球上留下的第一个脚印

讨论与分享

美国和中国太空竞赛时期，我国航天处于何种情况？

讨论和分析美国与苏联的太空竞赛对国际航天的发展产生了何种影响？

第二节 我国月球探测发展历程

问题引入

我们在第二章“月球探测历程”中对我国月球探测历程有了初步了解，也初步了解了探月工程对一个国家的意义，那么我国的探月工程有什么深远的意义呢？

小组活动

活动主题：

“我国开展月球探测对我国的经济发展有无意义”辩论赛。

活动思路：

通过辩论探月工程对我国经济发展是否有意义，推广到中国探月工程对我国产生的深远影响，在寻找论据的过程中了解和学习相关知识。

活动过程：

活动开始之前，两个小组分别确定各组的论点；以小组为单位查找支持本方论点的论据；组内确定一辩、二辩、三辩和四辩人员；开展辩论比赛。

活动建议：

论点可以为“我国开展月球探测对我国经济发展有意义”和“我国开展月球探测对我国经济发展无意义”。可以进行抽签，也可以采取挑战模式，最后得出每两组为一队开展辩论。确定论点时，可以采取自愿选择的形式，也可以采取抽签的形式，甚至可以采取反向选择的形式（即我充分认可 A 观点，但是我选择从 B 观点的角度思考问题，去跟持 A 观点的小组进行辩论）；建议小组一起进行准备。本辩题为作者个人所思考，教师也可以与语文教师进行探讨，得出更佳的辩题展开辩论。

讨论与分享

除了月球探测，我国还在太空哪些方面开展了探索，这些探索对我国有什么意义呢？

你想成为月球探测工程的一名研究员吗？分享你的理由及原因。

文献链接

一、我国开展月球探测的意义

（一）我国开展月球探测的前提和目的

我国在开展发射人造地球卫星和载人航天活动之后，由工业与信息化部牵头，适时开展以月球探测为起点的深空探测活动，这是我国空间科技事业持续发展、急起直追、重点跨越的必然选择。

月球探测工程是一项复杂的多学科高技术集成的系统工程，是带动我国原始创新、集成创新和引进消化吸收再创新的强大引擎，是在我国已经具备了重要基础和良好条件的关键领域实现重点跨越的重要突破口，是带动一大批重大前沿技术和基础研究进步、培育新兴产业的先行者。

（二）月球探测的意义

1. 月球探测工程的实施能够振奋人心，增强民族凝聚力

月球探测是一个国家综合国力和科学技术水平的重要体现，实施这样的工程是一个国家兴盛发达的标志，可以激励全国人民的精神。可以预料，犹如载人航天工程的成功一样，月球探测工程的成功将极大地激发全国人民的自豪感，增强全民族的凝聚力。

2. 月球探测工程将为我国空间科学和航天技术发展建立新的里程碑

月球探测工程将大大提升我国航天科技发展水平，填补我国在深空探测方面的空白，带动和促进我国基础科学和高新科技的发展。在航天科技方面，将逐步实现多项重大突破，首次到达地外天体，首次着陆在地外星球上，首次从地外星球拿回样本。这些技术的突破将推进航天工程系统集成、深空测控通信、新型运载火箭和航天发射等航天技术跨越式发展，带动信息技术、新能源技术、新材料技术、微机电技术、遥测科学等其他高新技术的发展。在空间科学方面，通过首次对地球以外的星体和空间环境进行近距离和接触式探测，将使我们对于空间科学的认识大大深化，为我国的天体物理学、空间物理学与材料科学的研究建立新的平台，促进这些学科的创新和发展，并带动更多基础学科间的交叉、渗透与共同发展。

3. 月球探测工程将促进我国经济的可持续发展

近些年来我国经济高速发展，一定程度上是以高能耗、高污染为代价的，月球探测工程对高新科技的带动在不久的将来必然会回馈于经济，而以高新技术为动力的经济是低能耗、低污染、高效率的，符合可持续发展的方向。美国在20世纪后十年能够保持高速、高效增长，很大程度得益于阿波罗工程衍生出的约3 000种应用技术成果在经济领域的应用，美国领先于世界的信息、生物、新材料等高新技术，很大部分来自对月球探测技术的消化、优化和二次开发。

4. 月球探测工程将推动我国航天领域的国际合作

没有科学技术实力，就没有资格参加真正意义的航天国际合作，我国探月工程起点高、有特色、有创新，具有很强的科学性、探索性、开放性的特点，为开展航天国际合作搭建了新的平台。

月球探测工程将在诸多领域促进我国的科技创新，将催生一大批科学技术成果并应用到国民经济的各个领域，将为我国在相关研究领域培养出一大批高素质、高水平的人才，将大大激发全民族创新精神、探索精神和科学精神，这些都必将对促进我国经济社会可持续协调发展起到巨大的推动作用。

思考讨论

月球探测工程在科学发展方面会给中国带来什么影响？

二、我国月球探测的科学目标

（一）月球探测的总体规划

月球是地球唯一的天然卫星，是距离地球最近的天体，是人类开展深空探测的首选目标，也是人类向外层空间发展的理想基地、前哨站和中转站。从 20 世纪 50 年代末，人类开始了对月球的真正现代意义上的探测活动。经过了 60 多年的探测与研究，取得了划时代的成就。党中央、国务院 2004 年批准一期工程立项，拉开了我国深空探测的帷幕。一期工程：2007 年实现绕月探测；二期工程：2013 年前后实现月面软着陆探测与巡视勘察；三期工程：2020 年前实现月面采样返回。

（二）月球探测工程科学目标

第一，获取全月球三维影像。目前的月球三维地图尚有不少空白，精度不高，特别是纬度 70° ～ 90° 的南北极区。因此需要绘制出较完整的全月球立体影像及其相关系列图件，在此基础上进行地形地貌、地质构造和月球形成演化历史的研究。

第二，探测 14 种元素和主要矿物类型的含量并绘制全月球分布图，获取全月球岩石类型的分布，研究月球的化学组成与化学演化，为月球成因和演化过程提供新依据。

第三，在月球探测历史上首次用微波辐射技术测定月球表面的亮度和温度，同时了解月球土壤的特征和厚度，从而获取月球表面年龄及其分布、研究月壤的形成和演化，估算月球表面核聚变发电燃料氦-3 的分布及资源量。

第四，探测 4 万～ 40 万千米地—月间的空间环境，探测太阳宇宙线高能带电粒子和太阳风等离子体及其与月球的相互作用，为地—月空间环境和空间天气研究提供新的科学数据。

思考讨论

为什么中国要设定“绕、落、回”三个阶段来实施月球勘测活动？

拓展延伸

长征五号系列运载火箭（CZ-5），又称为“大火箭”“冰箭”，是中国运载火箭技术研究院研制的新一代运载火箭中芯级直径为5米的火箭系列，属于无毒、无污染、高性能、低成本、大推力的大型液体运载火箭。长征五号系列运载火箭设计以通用化、系列化、组合化为重点，采用“一级半”或“二级半”结构，运载能力与欧洲阿丽亚娜-5运载火箭基本同级。

运载能力大：近地轨道最大运载能力25吨，地球同步转移轨道最大运载能力为14吨，可以完成近地轨道卫星、地球同步轨道转移卫星、太阳同步轨道卫星、空间站、月球探测器和火星探测器等各类航天器的发射任务。

无毒污染：采用液氢、液氧、煤油等无毒、无污染推进剂，顺应了国际形势和国策的要求，也符合国际运载技术的发展趋势。

成本低：贯彻简洁设计、“三化”设计的思想，在大幅度提高火箭运载能力的同时，也使单位质量的入轨成本比现有长征火箭有较大的下降。

可靠性高：以比传统火箭普遍少一级的一级半（“半”表示有助推器）或二级半构型来提高火箭固有可靠性，以冗余、容错、降额等设计方法的广泛运用来提高设计可靠性，以牵制释放装置来提高发射可靠性。“长征五号”可靠性为98%，比中国载人火箭97%的可靠性还多出一个百分点。

适应性强：具有灵活的任务执行能力，完整的运载能力覆盖范围，以及良好的履约能力，来满足用户多种多样的需求。

图11-4 长征五号

科学漫步

“嫦娥之父”欧阳自远：走！到月球背面去

2018年12月8日凌晨2时23分，中国长征三号乙运载火箭在西昌卫星发射中心点火升空，成功将嫦娥四号探测器送上太空……在近地点约200千米、远地点约42万千米的地月转移轨道上，人类开启首次“月背之旅”。

“月球背面的南部，有一个巨大的坑，这是42亿年以前砸出来的，把月球最古老的东西给翻出来了。我们嫦娥四号，将要落在月球背面的那个大坑里。”

作为中国探月工程首任首席科学家，欧阳自远把一生都献给了探月工程，曾成功推动中国第一颗探月卫星嫦娥一号的发射升空，指导中国月球探测的近期目标与长远规划的制定，被誉为“嫦娥之父”。2014年11月4日，国际小行星命名委员会将一颗编号为8919号小行星命名为欧阳自远星。

图 11-5 欧阳自远

第三节 已探知月球概况

问题引入

我国发射的嫦娥四号月球探测器实现了人类首次在月球背面软着陆，开始了对月球的全面探索，那么我们现在已经探查到的月球情况都有哪些呢？说说你的了解。

文献链接

一、月球的起源与进化

关于月球的起源，早期主要有捕获说、共振潮汐分裂说和双星说。近 30 年来，提出并逐步完善的大碰撞分裂说获得了越来越多的观测与实验证据的支持。

捕获说：依据月球的平均密度和化学组成不同于地球的特征，认为地球与月球不属同一星云团物质形成。由于地 – 月轨道的变化，在 1~10 个地球半径范围内，月球就可能被地球捕获；而后，由于地球的引力改变了月球原来的运行轨道，使月球最终成为地球的卫星。

共振潮汐分裂说：地球初始呈熔融态，由于潮汐共振，在赤道面上一部分熔体被分裂，冷凝后形成月球。

双星说：在太阳星云凝聚过程中，在星云的同一区域分别形成地球与月球，月球被地球捕获并形成地月系。

大碰撞分裂说：地球早期受到一个火星大小的天体撞击，轨道中的撞击碎片（两个天体的硅酸盐幔的一部分）形成了月球。这个假说较合理地解释了以下等一系列事实：月球的平均密度（3.34 克 / 立方厘米）比地球和其他类地行星低得多、月球与地球的质量比为 1/81.3、月球的 K、Pb、Bi 等挥发性元素严重亏损而 Ca、Al、Ti 及 U 等难熔元素则比较富集、月球的 FeO 比地球上地幔多 50%、地月系的角动量、地球自转加速及地月自转速度的差异、月球早期曾生产过岩浆洋及斜长岩月壳与月海玄武岩的喷发等。

二、月球的内部结构

现今的月球已不再是早期吸积后的原始月球，类似于地球，它也具有类似鸡蛋般的内部构造，即月壳、月幔和月核的圈层结构。

月壳的平均厚度约 60 千米，由两大基本单元构成，即主要由斜长岩组成的高地和主要由玄武岩组成的月海。高地约占月球表面面积的 83%。约占月球总体积的 10% 。月海占月壳总体积的 10% ，约占月球总体积的 0.1%。不同区域的月壳厚度不同，一般情况下，月球正面月壳的厚度平均约为 50 千米，月球背面月壳厚度平均约为 74 千米。

月幔的厚度至少为 1 000 千米，深于 1 100 千米的月震波速衰减很快，表明其内部介质不均、有熔融层或更塑性物质的存在。根据这些特性，很多专家认为：月幔分为上月幔、下月幔和衰减带；上、下月幔界面约深 500 千米；下月幔与衰减带界面出现在深约 1 000 千米的区域，可能存在部分熔融的物质；60 ～ 1 000 千米的月幔作为月球的岩石圈（地球岩石圈仅厚 100 千米），如此厚的岩石圈，显然是因为月球体积小、早期快速冷却的结果。

图 11-6 月球

三、月球的物质成分

（一）月球元素

对月球化学成分的研究是探讨月球起源与演化历史的基础，是了解月球物质成分和月球矿产资源开发利用前景的依据。组成地球的所有化学元素都已经在月球上找到，只是元素的组成和分布特征有所差异。根据月球上元素的相对丰度、分布特征、地球化学行为和元素载体（岩石、矿物、月壤等）的性质，月球元素可分为常量元素、不相容痕量元素、无规律微量元素、亲铁元素、挥发性元素和太阳风注入元素六大类。

表 11-1 月球元素

常量元素	不相容痕量元素	无规律微量元素	亲铁元素	挥发性元素	太阳风注入元素
O、Si、Mg、Ca、Fe、Na、Ti、Al	Li、Be、B、K、Rb、Y、Zr、Nb、Sn、Cs、Ba、REE、Hf、Ta、U、Th	P、Sc、V、Cr、Mn、Ga、Sr	Fe、Co、Ni、Ge、Mo、Ru、Rh、Pd、Sb、W、Re、Os、Ir、Pt、Au	F、S、Cl、Cu、Zn、As、Se、Br、Ag、Cd、In、Te、I、Hg、TI、Pb、Bi	H、He、C、N、Ne、Ar、Kr、Xe

（二）月球岩石

月球是一个物质成分不均一的天体，由不同类型、不同形成年龄、不同形成方式的各种岩石物质构成。月球岩石一般可以分为月海玄武岩、克里普岩、高地岩石和角砾岩四类岩石。

（三）月球矿物

矿物是组成岩石的基本单元，除极少量矿物外，构成月球岩石的绝大多数矿物都在地球上发现过。月球矿物以不含水、在高还原低氧化环境条件下形成等为特征。矿物的化学成分及其原子结构特征反映了岩石形成时的物理、化学条件，是了解岩石最为重要的因素；通过对矿物的分析与研究，可以确定岩石形成时的压力、温度、冷却速度以及一些气体相如氧、硫、一氧化碳等的氧逸度等重要参数；岩石的光谱特性实际上是矿物的集合表现，是研究月面物质光谱特性如反射率等的重要手段之一；对岩石中高含量的矿物进行机械分离就可以直接提取矿石，因此，对矿物特性的了解，对我们认识月球上的矿物资源有重要的实用意义。根据矿物在岩石中的含量，月球矿物可以分为主要矿物、次要矿物、副矿物；根据化学成分分类，月球矿物可以分为硅酸盐矿物、氧化物矿物、硫化物矿物、自然金属（铁）矿物和磷酸盐矿物。

四、月壤

月壤是指由月球岩石碎屑、粉末、角砾、撞击熔融玻璃物质组成的、结构松散的混合物。除悬崖峭壁外，整个月球表面都被月壤所覆盖。

月壤可为月球科学的研究提供丰富信息，如太阳系早期演化年表、月岩和月壤的宇宙线暴露与辐照历史、太阳系中行星的脱气历史、太阳风组成和太阳表层的成分特征、陨石和微陨石撞击月球的历史记录、月壳岩石圈的组成和分布特征等，对研究月球乃至地月系的演化历史具有重要意义。此外月壤还含有丰富的资源，如稀有气体特别是氦－3等资源，也是人类开发利用月球资源的一个重要目标。

月壤主要通过三个过程，即陨石和微陨石撞击、宇宙射线和太阳风粒子的持续轰击、大幅度昼夜温差变化导致岩石热胀冷缩破碎共同作用于月表形成的。因此，月壤的形成主要是受机械破碎作用控制、陨石和微陨石撞击起主导作用的过程。

对某一地区的月壤而言，其形成和演化包括两种基本机制——粉碎作用和胶结作用。粉碎作用是指陨石和微陨石撞击月表，挖掘基岩和原有月壤，形成撞击坑；同时，岩石、矿物被粉碎成细颗粒并向四周溅射，其他地区的撞击溅射物也通过这一途径混入本地月壤。胶结作用是指陨石和微陨石高速撞击月表，撞击产生的高温高压使原有月壤产生部分熔融，未熔融的矿物颗粒和岩石碎屑由熔融玻璃胶结形成新的月壤团聚体。粉碎作用使月壤的平均粒径减小，胶结作用使平均粒径增大。除此之外，太阳风和宇宙射线的长期轰击、月表的大幅度温差变化也是月壤形成和演化的重要机制。这些机制共同作用的结果，也就是月壤成熟化的过程，成熟月壤的平均粒径及其他基本理化参数也趋于一个稳定值。

月壤结构松散，主要由岩石碎屑、粉末、角砾和撞击熔融玻璃组成。月海区月壤厚度为4米～5米，月陆区由于暴露于月球表面的时间较长，受历次冲击成坑的溅射物的覆盖，使月壤堆积较厚，通常可达到10米左右。

由于太阳紫外线辐照的影响，月壤细粒会周期性地升起，在着陆器的推进器点火和月球车行走时，月壤细粒也会大量扬起，这些运动的月壤称为月尘。

在地球上，尘土是最普通的东西。月壤和月尘却不同凡响，这里面包含着许多“秘密”。

思考讨论

月壤是如何形成的？月壤中含有哪些成分？

五、月球上的水

水是生命之源，是月球上航天员生存的基础，航天员每天都需要饮入一定量水以维持生命。通过电解，还可将水分离为氢和氧，其中氢气可作为发动机推进剂，氧气可供航天员呼吸。

月球存在水冰的设想最早是由美国科学家沃森（Watson）等于1961年提出的。他们认为月球极地一些撞击坑底部存在太阳照射不到的永久阴影区。原始月球脱气作用产生的水及彗星和小行星撞击月球携带的水在永久阴影区的低温下可能以水冰的形式保存在月表物质中，形态为冰尘混合物。

2008年以来的探测数据和研究成果等多项证据有力地支持了月球上有水的观点。2008年，阿波罗月球样品中的火山玻璃珠被检测出含有痕量的水，且玻璃珠内核的水含量高于外环；2009年11月，与月球勘测轨道器一同发射的月球陨坑观测与遥感卫星撞击月球过程中获得的探测数据分析结果表明，撞击目标凯布斯坑中含有水；2010年3月，在含有磷灰石的阿波罗岩石样品中检测到了水；2010年3月，由美国国家航空航天局研制并搭载在印度月船-1探测器上的微型雷达月球矿物制图仪探测到了月球存在水冰的证据。

思考讨论

为什么月球上的水是以“水冰”的形式保留？

六、月球的运动

月球以椭圆轨道绕地球运动，离地球最远时有406 699千米，最近约356 399千米。在太阳系中，可以把地球和月球当做一个系统、一个质心看待，这个系统或质心绕太阳作旋转运动即公转，同样，月球和地球又分别绕它们各自的质心作转动运动即自转。月球围绕地球质心作平面椭圆轨道运动，旋转一周的时间等同于地球上的27日7时43分11.47秒，这一时间称为“恒星月”。月球每天“东升西落”的运动反映了地球自转的特性，其升起时间平均每天推迟约50分钟。月球在自己的轨道上绕地球运行的平均速度为1.02千米/秒。

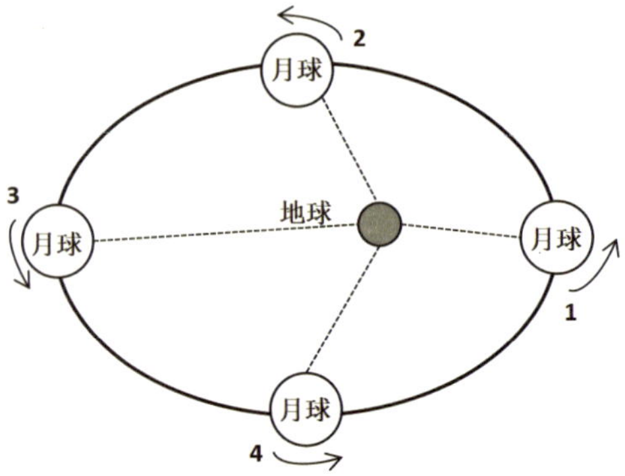

图 11-7 月球运动的椭圆轨道

由于月球自转的周期恰好等于它绕地球公转的周期，所以我们在地球上永远只能看到月球的一面，称为月球正面，另外半个球总是背向地球，即月球背面；又由于月球的天平动，累积起来，人们从地球上实际可以观测到月球整个表面的 59%。

月球上也像地球一样有白天和黑夜之分，由于月球自转一周的时间等于一个恒星月，因此，月球任何一个地方一个白天的时间约等于地球的 14 个昼夜，同样，一个黑夜也约等于地球的 14 个昼夜。

从地球上看，月球是除太阳之外第二明亮的星体，而实际上月球本身并不会发光，全靠反射太阳光。从地球上观测月球，月球的平均反照率为 0.09。由于太阳、地球、月球三者之间的相对位置随着月球绕地球运行而变化，在地球上看月球的角度不一样，月球就有了各种月相和“日食”“月食”等更迭的现象。

讨论与分享

月球是如何形成的？相较于地球的起源有什么区别？

假如未来有一天你可以登上月球，你最想带回地球的是什么，为什么？

第四节 评估与总结

评估测试题

1. 请你说一说月壤的形成原因。

2. 请你描述氦-3的特性。

3. 请你对中国月球探测的整体概况进行描述。

4. 如果你是中国探月工程总设计师，你还想完成什么目标？

本章总结

本章我们学习了国外月球探测发展历程、我国开展月球探测的意义、我国月球探测的科学目标。

以下几个重点，一起来回顾吧！

◆ 20 世纪 50 年代末期至 70 年代中期，苏联与美国在空间技术方面展开了激烈的竞争，在 1959-1976 年的 18 年中，先后发射了 108 颗月球探测器，发射成功 45 颗，其中美国 27 颗，苏联 18 颗。

◆ 经过多年的论证，我国已经制订了月球探测的近期计划和长远规划，其中近期计划分“绕、落、回”三个阶段实施。

◆ 中国绕月探测工程科学目标：获取月球表面三维影像；分析月球表面有用元素含量和物质类型的分布特点；探测月壤特性；探测地月空间环境，记录原始太阳风数据，研究太阳活动对地月空间环境的影响。

◆ 关于月球的起源研究，早期主要有捕获说、共振潮汐分裂说和双星说。

◆ 月壤结构松散，主要由岩石碎屑、粉末、角砾和撞击熔融玻璃组成，月壤富集了太阳风元素和同位素，如 H、He、N、C 的含量大，主要富集在粒度小于 50 微米的颗粒表面，且含量随深度的分布变化不大。

◆ 微波探测仪主要用于测量不同深度的月壤微波辐射亮温，进而反演月壤厚度的信息并对月球的氦-3 资源量和分布进行评估。

第十二章
月球探测器总体设计

自公元前 1700 年开始，中国就有“顺风飞车，日行万里”之说，自古以来，中国也都流传着“嫦娥奔月”的神话故事。古往今来的文人墨客也都把月亮作为抒发情感的寄托。有“明月几时有？把酒问青天”的思念之情；有“举杯邀明月，对影成三人”的孤寂之情；还有“露从今夜白，月是故乡明”的念乡之情，可见月亮千百年来对于国人的影响尤为深远。

将中国探月工程命名为“嫦娥工程”就是中国传统文化的体现，在第二章中，我们了解了“嫦娥一号”到“嫦娥五号”月球探测器的基本情况，从本章开始我们将更加深入地对月球探测器展开探究，了解月球探测器总体设计和一般原则、月球探测工程的顶层设计、设计月球探测器总工程等。

第一节 月球探测器总体设计概述

问题引入

如果让你对月球探测器工程进行总体设计，你认为应该如何进行设计？涉及到的学科会有哪些呢？说出你的认识。

文献链接

所谓月球探测器总体设计广义上是指以探测器系统或探测器工程系统（又称航天系统）为对象的所有设计活动和技术协调（又称技术管理）活动。其活动内容贯穿在月球探测器的各个研制阶段。探测器总体设计综合利用现代科学技术，特别是航天科学技术的成果，以系统工程中的工程系统分析理论和方法，用工程语言（图纸和技术文件）形式指导探测器的研究、设计、制造、试验和使用。

月球探测器总体设计所涉及的学科基础包括航天动力学、工程控制论、系统工程理论和方法、推进技术、传热学、结构力学、计算机、机械工程学、电子工程学、环境工程学、人机工程学等。

月球探测器总体设计所涉及的基本任务如下：

1. 根据目标任务要求进行顶层设计。总体设计部门首先进行任务需求分析，经过了解、消化、分析和论证，反复与用户部门协商，开展调研该探测器型号的国外发展态势，国内已具备的技术条件和技术进步，初步提出探测器总体方案和分系统方案设想，探测器工程系统（航天系统）方案设想（运载火箭、发射场、地球测控网、地面应用系统），探测器的关键技术、研制进度和经费估算以及国际合作的可能性。

2. 进行技术可行性和经济可行性论证，完成探测器可行性方案论证。技术可行性是指探测器和航天工程系统的功能、性能、技术特征、约束条件和运行条件，经济可行性是指投资规模和投资强度，并寻求最佳费效比。首先将目标任务的要求转化成探测器系统的功能和性能要求，设计探测器和分系统时一般采用多方案选择以便得到最佳方案。

3. 进行总体技术方案设计。重新审定确定任务需求研制任务书，确定工作分解结构，确定系统功能和总体主要性能指标，进行技术指标（功能、性能、质量、体积、功耗、可靠性等）分配，确定系统之间和系统与分系统之间的内部和外部接口要求，完成航天工程系统（运载火箭、发射场、地球测控网、地面应用系统）接口协调协议书，完成总体技术方案完整的设计图纸、技术文件和软件，编制技术流程图，向分系统下达研制任务书。

4. 进行总体系统技术仿真。在方案论证和总体系统设计需要进行全系统的分析和综合时，利用仿真技术合理地选择系统和总体参数的方案，以利于系统各组成部分协调一致和系统与总体方案最优。

5. 拟定各类大型试验大纲和设施要求，并组织实施。

6. 进行工程研制阶段的总体详细设计。

讨论与分享

你认为月球探测器总体设计是一个复杂的事情吗？说一说原因。

你认为完成月球探测器总体设计，需要具备哪些素养？

第二节 月球探测器总体工程设计

问题引入

为确保月球探测器工程顺利地实施，你觉得需要制定哪些秩序和规定？

小组活动

活动主题：

月球探测器设计模块讲解。

活动建议：

从月球探测器总体结构设计中的探测器外形、结构形式、总体布局、仪器舱布局、模块化设计、质量特性及运载器和地面机械设备接口关系等中选择一项作为本组介绍的内容。

小组讨论确定展示内容及最终展现形式。

展现形式可以是PPT讲解的形式，也可以是画图展示的形式，也可以是演绎的形式，也可以小组讨论确定其他形式。

文献链接

一、月球探测器总体工程设计的一般原则

（一）满足目标任务需求

根据目标任务需求，总体设计首先进行任务需求分析，即把用户的需求转变为一组可以量化的功能性要求，这些功能性要求又可转化为对设计提出的技术要求，总体设计人员根据用户需求经过量化的功能性要求参数可提出总体方案和各分系统方案，并经过工程研制和在轨交付使用。

（二）系统整体性

月球探测器是一个复杂的系统，它是由相互作用和相互依赖的若干组成部分结合的具有特定功能的整体。系统的各个组成部分有其自身的独立性，不是简单的机械混合体，而是相互作用、相互关联、相互影响和相互共存的有机联系的整体。

由各个组成部分的特性及其之间的相互作用与依赖构成了整个系统的特性。总体设计在研究月球探测器工程系统（航天系统）时，不仅要研究各个组成的性能，更需要研究在各个组成部分之间相互作用和相互影响下形成整个系统的总体功能和特性。总体设计还把月球探测器系统作为它从属的月球探测器工程系统（航天系统）的组成部分进行设计，对它的所有技术要求都先从实现大系统技术协调的观点来考虑。总体设计把系统作为若干分系统有机结合的整体来设计。总体设计对研制过程中分系统与分系统之间的矛盾，分系统与系统之间的矛盾，都先从总体协调的需要选择解决方案，然后留给分系统研制单位或总体部自身去实施。

（三）系统层次性

应用层次理论，可以把系统分解成若干有层次的要素，不仅有助于将各研制任务按需要分配到各个研制机构，而且还可用它作为一种要求进行分配，为其规范树立和研制技术性能的测定提供依据。此外，系统层次还能用于确立航天系统工作分解结构 (WBS)，该工作分解结构是分配型号的预算和汇集型号费用的依据。任一给定系统都能组成由高级到低级、由复杂到简单的各种要素所包括的层次体系。月球探测器工程按层次体系可分为系统级、分系统级、组件级、部件级、零件级。月球探测器工程系统，把大系统定为一级，则月球探测器、运载器、发射场和着陆场、地球测控网、地面应用系统定为二级，在二级层次中还可往下细分三级、四级……同样，如果把月球探测器定为一级，则探测器的诸分系统定为二级，再往下可以细分到四级、五级、六级。

（四）总体设计优化

月球探测器总体设计优化就是根据一定的优化准则（如性能最好、质量最轻、投资最省等），综合考虑工程大系统（如运载火箭、发射场、测控网、地面应用系统等）在轨环境、技术性能、进度、成本、风险、效益等因素，利用数学模型，综合评估等方法以计算机为手段对月球探测器的方案类型、总体参数和局部参数进行优选。内容包括：①总体方案类型的优选；②总体参数设计优化；③总体全局设计优化。总体设计优化中，由于系统之间、系统与分系统之间、分系统之间的关系，总体参数设计优化中各设计变量都存在着相互影响和相互关联，必须进行系统、分系统之间的相关分析，以定性分析和定量分析相结合的方法才能解决好设计优化问题。总体设计着眼于系统总体性能最优，而不去片面追求某零、部、组件或分系统性能最佳，着眼于最佳费效比。

（五）大系统协调性

月球探测器是一个工程项目，月球探测器工程系统（航天系统）是一个更大的工程项目，它包括月球探测器、运载火箭、发射场和着陆场、地球测控站和地面应用系统五大系统。总体设计是把月球探测器和月球探测器工程系统当做一个整体来设计和研制的，只有使月球探测器和其他系统的接口关系协调一致并分步实施，才能保证工程项目完成任务。例如月球探测器与运载火箭涉及型号、星箭坐标系、运载能力、整流罩容积和尺寸、轨道和入轨精度、星箭分离方式、星箭分离时的姿态精度、力学环境、机械和电气接口等；与地球测控站涉及测控站、船的规模、数量、位置、测控频段、弧段、测距、测速、测角精度，通信频段、信息传输能力等，与发射场涉及地理位置、发射阵地、射向、控制室、技术阵地总装、测试、运输、气、电、热供给等。与地面应用系统的频段、信息传输能力和性能指标要求等。

（六）继承性和创新性

月球探测器技术是卫星技术的继承和发展，大约有 70% 的卫星技术可以利用。但总体设计又面临着许多新的关键技术，如轨道设计、制导导航和控制、测控技术、热控技术、软着陆技术、返回技术、新电源技术。探测器更恶劣的工作环境适应性等都必须通过技术创新来解决。同时随着现代科学技术的发展，也需要应用新理论、新技术、新材料、新工艺、新器件来不断提高探测器总体性能参数的水平。

（七）可靠性和安全性

可靠性和安全性是月球探测器总体设计重要的指标之一。月球探测器的研制和发射是一项高投资、高风险的工程项目。由于月球探测器系统比卫星系统更复杂，国外发射月球探测器和其他深空探测器比发射卫星失败的概率大得多，探测器携带易燃易爆的燃料和火工品，飞行和工作环境比卫星更恶劣，同时发射后不可维修，所以对可靠性和安全性总体必须精心设计、精心实施。

（八）近期和远期任务相结合

根据深空探测制定的发展战略和规划，在型号总体设计中既要满足当前任务的总体技术要求，又应兼顾后继发展任务的需要，这是一条节省后继型号投资成本，缩短研制周期，降低风险的捷径。例如发射成功的月球卫星将为月球着陆器的研制提供奔月轨道、环月轨道的轨道设计和制导、导航和控制技术，软着陆探测器将成为自动采样返回探测器在月面上的发射平台，月球探测器将为火星和其他行星与行星的卫星探测提供技术基础，无人的月球探测器技术将为载人月球探测器技术提供技术基础。

（九）效益性

月球探测器的研制是一个高投资、高风险的工程项目。与其他航天器的研制一样，根据性能、成本、进度、约束条件和风险五要素，在总体设计中追求最佳费效比。月球探测器的效益性与各类应用卫星的效益性不完全相同，它追求的是科学效益、技术效益、社会效益和政治效益。

二、月球探测器总体工程的顶层设计

（一）月球探测工程的任务目标

开展月球探测是科学探索、技术进步以及社会发展的共同需要。每次具体的探测任务可以实现大量的科学目标和技术目标，从中筛选具有特点的、可实现的目标是工程顺利实现的前提。

一般认为，开展月球探测可实现的目标可分为研究月球本身、在月球上开展研究和利用月球的优势从月球上开展研究。

以美国第三代月球探测器“勘探者”(1965-1967) 为例，其主要任务为可分为技术试验和科学探测两个部分。①技术试验：试验宇宙神—半人马座运载火箭，试验新的航天器设计技术，试验机器人着陆方法，火箭的减速控制，为载人登月选址等。②科学探测：拍摄高分辨率的照片 (1mm 分辨率)，月表的力学特性测量，月壤机械性能，月表的温度和热特征，月表的电磁特性测量，月壤成分的测量，等等。

我国拟开展的月球软着陆探测与自动巡视勘察任务中规划的科学目标分为四个方向：①月表形貌与地质构造调查；②月表物质成分和可利用资源调查；③月球内部结构研究；④日—地—月空间环境探测与月基天文观测。技术目标上要结合科学目标的需求和工程技术的基础，确定实施月球探测工程的关键技术途径，并由此明确需实现的工程技术目标，可包括直接的技术突破和间接的技术带动两个方面。例如我国在实现了绕月探测基础上开展月球软着陆探测与自动巡视勘察，其技术目标可概括为以下三点：

（1）突破月面软着陆和月面巡视等一系列关键技术。要对月球进行就位探测和巡视勘察，必须突破以往我国从未实现过的月球软着陆技术、自动巡视技术、遥操作和遥分析技术、月面特殊环境下探测器的热控与电源技术等。

（2）研制和发射月球软着陆探测器、月面巡视探测器和轨道探测器。在突破月面软着陆和月面巡视及其相关关键技术基础上，研制能够分别进行就位探测，巡视探测和环月探测的着陆探测器、巡视探测器和轨道探测器；根据需要组成探测器系统，开展预定的科学探测活动。

（3）建立基本配套的月球探测航天工程系统。为保证月球探测后续工程的实施，必须建立月球探测器系统、深空测控网系统、地面应用和数据处理系统、运载火箭系统和发射场系统。这五大系统需依据月球探测工程各阶段的任务要求，分工合作，共同完成探测任务，并为月球探测后续工程及其他深空探测活动奠定基础。

（二）月球探测器总体工程的任务需求分析

1. 工程大系统的组成与功能需求分析。在月球探测活动中一般的航天器大系统主要包括运载火箭系统、探测器系统、发射场系统、地面测控通信系统、地面应用系统五大部分。对于具体的月球探测任务，对各大系统提供的功能应进一步明确，以有助于各大系统进一步开展各自工作，避免重复和浪费。包括大系统组成、探测器系统的组成、运载器与探测器间飞行轨道的划分。探测器与地面测控通信方式的选择、体制的协调性研究，地面测控通信与地面应用的功能界面划分，对各大系统的主要功能需求等。

2. 飞行任务分析。为实现月球探测，不同于以往的地球轨道飞行器，其飞行轨道非常复杂。研究包括月球探测的发射轨道、探测器地月转移飞行轨道、着陆轨道、月面上升轨道、月地返回轨道、地球再入轨道等的主要飞行程序，对各段轨道进行初步设计，选择发射窗口，分析着陆点和返回点的落点精度。

3. 着陆点初步选择。对于要实现在月面着陆的任务，需选择目标着陆点。着陆点的选择影响整个任务的设计。月球软着陆点的选取主要取决于科学目标的需求，同时要兼顾工程的可实现性，尽量降低任务风险度。因此，需科学家与工程技术人员联合研究，确定着陆点的选取原则，并据此原则选择候选着陆点。从科学的角度，需考虑在所选着陆区的探测可获得尽量多的新的科学探测成果；而从技术实现的角度，要满足太阳高度角轨道可达性、通信条件、地形地貌等各类约束条件，保证着陆过程及月面工作的安全性。

4. 主要技术指标分析。在大系统约束下，初步提出所要实现的探测器的规模、可提供的探测能力等主要技术指标，以为后续具体方案论证提供依据。

三、工程的具体实施步骤规划

根据科学目标和工程技术目标的需要，考虑风险性和经济可行性，规划月球探测的实施步骤，包括发射次数，每次要实现的目标等。

例如美国的“阿波罗”载人登月计划，在真正实现载人登月前，安排了无人月球飞越探测系列、着陆探测系列、月球环绕探测系列三个系列的无人探测，获取了大量关于月球的科学和工程信息，积累了丰富的工程经验，确保了“阿波罗”载人登月的成功。事实证明，遵循科学发展规律合理规划工程的实施步骤对项目的成功具有重要意义。

四、工程各大系统总体初步可行性方案研究

在顶层任务要求初步确定后，各大系统需进行相应的总体方案论证，协调相互间的接口关系，以确保任务的可实现性。以探测器系统为例，主要工作包括以下几点。

（一）科学目标和有效载荷的确定

在概念性研究的成果基础上，明确探测的科学目标和相应的有效载荷方案。确定有效载荷对探测器平台的技术要求。

（二）任务需求分析

根据科学目标和有效载荷的要求，提出对探测器的任务要求和主要技术指标。

（三）轨道分析设计

对探测器的轨道进行设计分析。包括发射轨道、地月转移轨道和着陆轨道，重点在于着陆段的轨道设计。需进一步研究月球重力场的分布情况，以保证着陆

点的精度。

（四）与其他大系统的接口协调

研究运载工具发射月球探测器的能力，并进行发射轨道、机械接口，电气接口等方面的协调；与地面测控系统协调测控体制、轨道确定的精度、地面站的主要技术指标等。与发射场、地面应用系统协调相关技术条件。

（五）探测器总体方案确定及指标分配

按照天地一体化思想，根据任务需求，论证确定总体技术指标，对概念性论证过程中提出的总体方案进行分析选择，确定总体可行性方案。根据总体方案，提出各分系统任务需求，分配各分系统技术指标要求。在总体方案论证中需确定一些关键的技术途径，以月球软着陆探测为例，包括着陆轨道方式的选择、对降轨段的要求、着陆缓冲方式的选择、着陆探测的通信方式选择、着陆精度的需求等，以便为后续的设计提供依据。

（六）探测器构形设计与仿真优化

根据总体方案，在星箭机械接口等约束下，针对月球软着陆探测器的特殊性，开展初步构形布局设计和验证工作。既要满足科学目标和有效载荷的要求，又要满足各分系统的特殊要求，还要满足大总体(运载火箭、发射场、地面测控等)的约束条件。可利用三维构形布局软件，进行探测器的三维建模、模装和布局优化。

（七）主要分系统可行性方案设计

根据探测器对各分系统的技术要求，分析确定各分系统的组成、主要技术指标和可行性方案。主要包括有效载荷系统、结构/机构系统、推进系统、导航与控制（GNC）系统、测控通信分系统、综合电子系统、热控系统、能源系统等。

（八）地面试验验证方法研究

月球探测器的功能必须在地面进行试验验证。主要包括发射段和着陆段力学环境试验、适应不同地形地貌的运动能力试验、遥操作能力试验、对热环境、光照环境的适应能力试验、测控通信的覆盖性试验等。为实现这些地面试验，需研究相应的试验方法，并分析现有试验手段的可行性和适应性改造方案，包括模拟月表的地形地貌和机械物理特性参数，模拟月表的热、光照和辐射环境等。

（九）系统总体仿真与优化技术研究

通过仿真检验各项关键技术指标能否满足，探测器各分系统之间及大系统之间的协调性，确认方案的可行性。主要包括：①探测器总体仿真技术，着陆轨道与姿态动力学仿真、GNC系统仿真、推进系统仿真、热控系统仿真、天地测控通信仿真、探测器虚拟样机技术等；②航天器飞行任务仿真，用于对多种发射及轨道方案进行仿真和比较，并协调探测器与运载火箭之间的接口；③测控通信系统仿真，地面测控通信系统与探测器测控通信分系统仿真软件一起，共同实现对星地测控通信链路的仿真，从而支持探测器、地面测控通信系统的方案论证。

五、工程的技术继承性与衔接性分析

为保证工程的顺利实施，需研究技术方案技术继承性，在充分继承的基础上寻求突破。同时，要考虑工程不同阶段间技术的衔接性，使技术的发展实现不断跨越。

讨论与分享

你如何看待月球探测工程的顶层设计？思考它背后的逻辑并说出你的认识。

第三节 评估与总结

评估测试题

1. 请你写一写对月球探测器总体设计的看法。

____

____

____

2. 上网查一查并思考中国月球探测器的优点是什么？

____

____

____

3. 如果你是月球探测器总设计师，你还想完成什么任务？

____

____

____

本章总结

本章我们学习了月球探测器的总体设计和设计的一般原则、月球探测工程的顶层设计、月球探测器总体工程设计。

以下几个重点，一起来回顾吧！

◆ 月球探测器总体设计广义上指以探测器系统或探测器工程系统（又称航天系统）为对象的所有设计活动和技术协调（又称技术管理）活动。

◆ 根据科学目标和工程技术目标的需要，考虑风险性和经济可行性，规划月球探测的实施步骤，包括发射次数，每次要实现的目标等。

◆ 在顶层任务要求初步确定后，各大系统需进行相应的总体方案论证，协调相互间的接口关系，以确保任务的可实现性。

第十三章
月球探测器运行轨道与软着陆探究

月球探测器顾名思义就是对月球进行探测的无人航天器，采用飞越月球、击中月球（在月球上硬着陆）、在月球上软着陆、环绕月球、对月球土壤进行取样分析或对月球土壤取样返回地球等多种方式进行月球探测。当前我国的“嫦娥”号月球探测器就是对月球进行探测的无人航天器，“嫦娥三号”“嫦娥四号”及“嫦娥五号”都是采用软着陆的方式在月球着陆的。

月球探测器的第一步是飞越月球；第二步是用探测器击中月球；第三步是用探测器在月面软着陆；第四步是环月飞行。

要接近月球，航天器相对地球的初始速度不得小于每秒 10.848 千米。月球与地球之间的距离只有 38 万千米，月球探测器没有脱离地球引力范围，它的过渡轨道可以是相对地球的椭圆。

第一节 月球探测器运行轨道探究

问题引入

你知道月球探测器离开地球之后是沿着怎样的轨道运行的吗？轨道的设计需要遵循什么科学原理呢？

小组活动

活动主题：

月球探测器运行轨道探究。

活动思路：

本节与第二章中《飞升之路》相似，本节主要分析“嫦娥三号”“嫦娥四号”“嫦娥五号”的运行轨迹。通过查阅资料了解“嫦娥三号”“嫦娥四号”“嫦娥五号”的运行轨道，分析月球探测器的运行轨道有哪些特点，以及如此设计的必要性。发现其中运用的科学知识以及物理课上的相关知识。

活动过程：

小组确定本组要分析的月球探测器的运行轨道；查阅资料学习本组确定的月球探测器的运行轨道；查阅资料学习运行轨道设计的相关知识；分析运用到了哪些相关知识；整理成可以进行展示的文件；以小组为单位在班级范围内进行展示。

活动建议：

在确定要分析的月球探测器时，可以选择我国的嫦娥号月球探测器，也可以选择国外的探测器进行学习展示，在选择的时候应该考虑展示时的便宜性；可查阅相关书籍、浏览网站、新闻等学习相应的月球探测器的运行轨道；在分析完月球探测器轨道后，可以采用文字描述、画图、模拟视频等进行模拟；分析为什么如此设计，设计中运用到了哪些我们学到的物理、数学知识；整理文献，进行展示。

文献链接

一、现有的绕月探测器的飞行过程

发射轨道：为使探测器奔向月球，一般探测器需具备至少 10.9 千米 / 秒的飞行速度。需要充分发挥运载火箭的能力，使探测器达到较高的速度奔向月球。

为了节省探测器所需的动力，一般来讲，运载火箭发射月球探测器可分为两种方式。这两种发射方式在以往的月球探测中均被广泛使用。早期的发射中，多采用第一种方式。

（一）直接发射到地月转移轨道

这种方式是由运载火箭直接把探测器发射到近地点约 200 千米、远地点约 38 万千米的大椭圆轨道，然后探测器只需进行少量的轨道中途修正后就可以飞到月球。这种方式要求运载火箭能提供较大的速度增量和较高的入轨精度，保证在需要的时刻使探测器达到需要的位置和速度。

地月转移轨道：从地球到月球的轨道被称为地月转移轨道。这一段漫长的路程直线距离有约 38 万千米，而探测器是不可能沿直线飞向月球的，而是沿椭圆轨道飞行，因此飞行的路程更加漫长。以目前人类所能实现的方式，取决于进入地月转移轨道的速度和轨道的选择，地月转移的时间最短可达 2~3 天，最长可达几个月。地月转移轨道的选择与运载发射火箭、探测器自身的推进系统能力和任务的需要等有密切的关系。

直接地月转移轨道。绝大部分的月球探测器都是沿直接转移轨道到达月球的。即由运载火箭提供奔月速度后，探测器直接奔向月球。事实上，由于受地球和月球引力场的联合作用，探测器由地球飞向月球的轨迹并不是一条平面曲线，而是沿着一条空间曲线逐渐逼近月球的。沿直接地月转移轨道可在较短的时间内到达月球，但在接近月球后需要较大的制动速度，才能使探测器环绕月球运行，而不至于与月球“擦肩而过”。

（二）发射到地球转移轨道，再利用参测器自身的推进系统加速

这样的方式需运载火箭提供的速度小于第一种方式，对入轨精度等要求也低于第一种方式，因为此后探测器还有机会在环绕地球的轨道上进行轨道调整。但

这种方式需要探测器自身携带较多的推进剂以实现从环地球轨道到奔月轨道的加速。

小推力缓慢转移轨道。2004 年，欧空局的 SMART–1 月球探测卫星试验了沿小推力缓慢转移的轨道到达月球。这颗卫星依靠电推力发动机产生的几十毫牛顿的推力，以螺旋线轨道缓慢爬升，逐渐接近月球后，再缓慢降轨，最终实现环月飞行。

经过地月 L1 点的转移轨道。在地球和月球所构成的引力场内，存在着 5 个平衡点——拉格朗日点。就是说在这 5 个点上，一个物体受到的来自地球的引力和来自月球的引力完全相等，这个物体可以在此点保持静止。人类正在设想利用这样的特殊的引力平衡点来实现更有价值的探测。比如把探测器先发射到拉格朗日点 1，然后探测器只需很小的一点速度就可以达到它想去的地方。这样的轨道方案正在科学家的设计之中。

环月轨道：根据任务的需求，环月轨道可以选择不同的高度和轨道倾角。一般地，为研究月球的地形地貌、矿产资源等，经常采用圆轨道，且选择轨道倾角 90° 的极月轨道有利于对全月面进行观测。而如果要实现月球软着陆，则需要根据着陆区的选择来选择环月轨道。

为实现在月球的软着陆，必须使探测器与月面的相对速度降为每秒几米的量级，然后再通过着陆缓冲装置吸收着陆冲击，以确保着陆后各类仪器设备不被摔坏，顺利完成后续的探测任务。

探测器在着陆前的飞行过程与绕月探测任务类似，经历发射轨道、地月转移轨道等过程。而着陆过程则具有自己的特点。从目前人类已经实现的着陆探测来看，着陆轨道方式主要可分为两类：从地月转移轨道直接着陆和从环月轨道着陆。

从地月转移轨道直接着陆：探测器在向月球的飞行过程中沿一条与月球相交的轨迹飞行，当到达距月球一定距离时，开始制动过程，降低相对月球的速度，并最终降落在月面。美国早期的“勘测者”系列着陆探测器和苏联早期的“月球–9 号”就采用了这种着陆轨道。这样的着陆方式，从发射到着陆所经历的时间较短，过程较简单。但着陆过程过载比较大，没有调整着陆点的余地，因此着陆精度较差。

图 13-1 LTO 直接软着陆方式

从环月轨道降轨后再着陆：从前苏联的“月球-16 号”探测器开始，采用先环月再着陆的着陆方式。其后前苏联的无人着陆和美国的载人登月均采用了这种方式。

图 13-2 LTO - 环月 - 软着陆方式

在这种方式中，探测器都先进入轨道高度 100 ～ 200 千米的环月轨道。然后经变轨后降低轨道的近月点至 15 ～20 千米。从这个近月点开始动力下降过程。由于月球没有大气，不可能利用气动减速，因此整个动力下降过程需靠探测器自身的推进系统把探测器相对于月面的约 2 千米 / 秒的速度减小到 2 ～ 4 米 / 秒。在动力下降过程中还需利用着陆测高仪和测速仪来测量探测器相对月面的高度与速度，以控制探测器的着陆过程。为减少着陆前发动机喷气流引起月壤的喷溅，一般探测器的发动机会在距月面 2 ～ 4 米高处关闭，探测器自由下落到月面。

这种着陆方式，有比较充裕的时间在环月轨道进行在轨测试，有利于保证着陆精度，为大多数月球软着陆探测所采用。

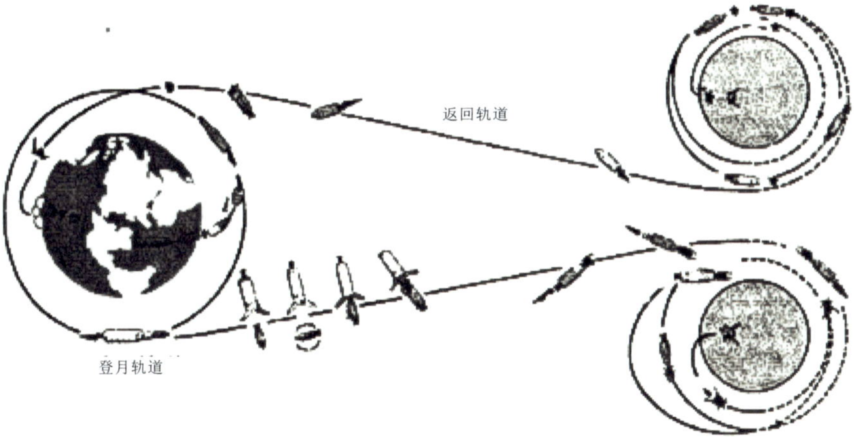

图 13-3 阿波罗回归地球轨道设计

二、月球探测器地月转移轨道设计

探测器从地球飞向月球的轨道与地球卫星的轨道是不一样的，尽管在刚离开地球时可以是一条椭圆轨道，当它逐渐飞近月球时将变成双曲线轨道，整个过程应该用三体问题来描述。对于看似很简单的三体问题，尽管历代的天文学家和数学家作了不懈的努力，还没有研究出个精确的分析解。不过对于工程来说分析解并非是必要的，人们仍然可以用数值的方法来找到足够精确的轨道。在工程中一般都是先得到一个近似的分析解，然后再通过数值的方法获得一个足够精确的解。

讨论与分享

月球探测器运行轨道设计过程中，有哪些知识是我们在物理或者数学课上已经学过的？

第二节　月球探测器软着陆探究

问题引入

月球探测器在月球上实现软着陆需要满足哪些条件？需要设计哪些设备？需要考虑哪些因素？

小组活动

活动主题：

月球探测器软着陆探究。

活动过程：

查阅资料，阅读文献，了解月球探测器的软着陆方式；选择其中一个月球探测器进行深入研究，可以是国内的也可以是国外的；深入了解以后，分析一下月球探测器在软着陆的过程中需要哪些部分配合，试着理解航天器设计的系统性；将分析的月球探测器的软着陆过程用文字、绘画或动画模拟的方式呈现出来，留作展示材料；整理文字及材料，进行班级展示。

文献链接

一、月球探测器软着陆方式

所谓月球软着陆，是指着陆器在制动系统的作用下以很小的速度近乎垂直地降落到月面上，以保证试验设备和航天员的安全性。月球软着陆的关键技术之一就是如何抵消较大的初始速度，使着陆器安全降落月面。众所周知，月球上的大气相比于地球来说非常稀薄，因此无法利用大气阻力进行减速，而只能通过反推发动机对着陆器实施制动。自 20 世纪 60 年代开始，学者们对月球下降轨道与制导技术进行了大量研究，并先后成功实现了无人和载人月面软着陆。无人软着陆如苏联的“月球”计划和美国的“勘测者”计划，载人软着陆如美国的“阿波罗”计划等。

月球软着陆有两种形式：一是自地月转移轨道直接实现软着陆。探测器沿一条击中月球的轨道飞行，在到达月球附近时，主反推发动机开始工作以抵消下降速度；满足下降初始条件后，微调发动机开始工作并最终实现垂直着陆。该种方式下，探测器距离目标很远时就需要选定着陆点，并进行制动减速以修正下降轨道。其着陆点只限于击中轨道所能够达到的区域，因此月面上有相当大的区域无法选用。美国在 20 世纪 60 年代末的“勘测者”计划采用的就是直接软着陆方式。二是自月球停泊轨道先变轨至近月点附近，然后实现软着陆。探测器首先沿地月转移轨道飞行；到达月球附近后，利用脉冲制动形成环月圆轨道；在满足条件后通过霍曼转移形成近月点位于着月点附近的椭圆轨道；然后，自近月点开始沿软着陆下降轨道降落月面。

早期“阿波罗”计划的无人与载人飞行以及当前的多个探月计划都已经或正在采用这种软着陆方式。相比于第一种直接软着陆，自环月停泊轨道开始的软着陆有较大的优越性。一是可在更大的范围内选择着陆区域。探测器可放宽对事先选定的着陆点的约束要求，根据需要在环月停泊轨道上重新调整或选择合适的着陆点，因此对着陆区域有较大的选择余地。二是具有较长的软着陆准备时间。在停泊轨道上，可以对探测器上的设备进行充分检测、修正，为接下来的变轨和软着陆做好准备。三是可减少着陆舱的质量和推进剂消耗。将与软着陆无关的设备都置于环月停泊轨道舱中，对于返回任务，返回舱与轨道舱合为一体留在停泊轨道，从而大大减少着陆舱部分的质量。四是紧急情况下可重新返回地球。在载人登月飞行时，如果发生紧急情况，载人航天器可以从环月停泊轨道变轨至返回地球的转移轨道，以尽可能保证航天员的人身安全。

思考讨论

查一查“阿波罗”系列月球探测器的月球软着陆方式。

二、月球探测器软着陆过程

参考“阿波罗”“欧洲月球 2000”“月神”等多个软着陆计划可知，从环月停泊轨道开始的软着陆，首先需要经历离轨和霍曼转移两个阶段。之后，着陆器进入环月椭圆轨道。自椭圆轨道近月点开始到着陆月面为止的下降过程称为动力下降过程，此过程又可分为三个阶段，分别是制动段、接近段和着陆段。狭义的月球软着陆主要指动力下降过程，该过程历时很短（约 20 分钟），且大部分为受控飞行，因此下降轨道设计有别于其他航天器。

（一）离轨段

根据所选择的着陆点，可确定制动段初始位置和时间，即椭圆轨道近月点的下降位置和时刻，从而得到着陆器脱离环月停泊轨道的位置和时刻。此时只需一个有限的制动脉冲，着陆器即可离开原来的环月轨道，进入霍曼转移轨道。对于带有轨道舱或载人登月的任务，着陆舱应在离轨点之前就与轨道舱分离，并保证在离轨时刻进入转移轨道。

（二）霍曼转移段

着陆器在制动脉冲结束后，即进入了近月点高度约为 15 千米的霍曼转移轨道。若近月点处不实施制动，着陆器将在该椭圆轨道上运行。近月点应位于选定的着陆点附近，可根据着月点位置反推得到。

（三）制动段

从着陆器到达霍曼转移轨道近月点附近时起至下降到距月面高度几千米止为制动段。在此阶段开启主制动发动机，全程制动下降。该过程的主要目的是抵消近月点较大的初始速度，以保证后面着陆的顺利实施。由于软着陆的推进剂绝大部分都消耗在制动下降段，因此该过程应以优化推进剂消耗为首要目标。对于载人登月任务，还应充分考虑制动段下降轨道的过载情况，以保证航天员的人身安全。

（四）接近段

该过程为制动段和着陆段之间的过渡段，在该段调整着陆器姿态，修正制动段偏差，使其满足着陆段的初始条件要求。该过程同时兼顾推进剂优化。对于载人登月飞船来说，要求设计的轨道能使得驾驶员看得见登月舱舷窗外的目标。

（五）着陆段

接近段结束后，着陆器已距离月面很近，且着陆器纵轴几乎沿当地垂线方向，便于着陆器实现垂直降落月面。该过程首要目标是保证着陆的安全性，整个过程宜采用垂直下降、程序控制的方案。在着陆段初始需进行短时间的悬停，便于对着陆区域进行图像勘察，从而及时做出平移动作以规避障碍物。对于载人登月舱采用手动控制着陆时，在此阶段登月舱驾驶员可连续对着陆点进行目测评价，并具有将登月舱从自动控制状态转到驾驶员控制的能力。

三、制动段轨道设计

制动段指的是从椭圆轨道近月点开始到距离月面几千米高度中止的一段制动下降过程。制动段的主要目的是依靠反推发动机抵消较大的近月点水平速度，从而在制动段终端达到接近段的初始条件要求。由于软着陆所需推进剂的大部分都用于此过程的制动，因此，优化推进剂的消耗应是制动段轨道设计的首要目标。为快速有效地抵消水平速度，在制动段整个下降过程，制动发动机都处于连续工作状态。

四、接近段轨道设计

制动段结束之后，着陆器距离月面比较近（几千米），此时的下降初始速度不大，且下降速度方向与当地垂线方向夹角很小。从制动段结束到距离月面 100 米左右悬停的下降段称为接近段或者过渡段。该段承上启下，主要目的是调整制动段姿态，修正制动段偏差，同时兼顾推进剂优化。

五、着陆段轨道设计

接近段结束之后，着陆器距离月面已非常近（如 100 米），且其纵轴与当地水平面垂直。理论上要求此时的速度为零，以满足着陆器作短时间悬停的要求，目的是利用成像装置进行月面图像处理，及时发现并通过平移控制规避着陆区域的障碍物。悬停之后，着陆器将沿垂线方向降落，在距月面一定高度时关闭发动机，以很小的速度降落月面。

该下降段是月球软着陆的最后一段，考虑到导航和控制系统的偏差影响，安全性成为此过程的首要目标，即关机降落时应满足关机高度要求，降落月面时则要满足着陆速度和着陆姿态要求。因此，该过程在通过姿态控制满足制动矢量轴垂直于当地水平面的前提下，可考虑采用简单可靠的速度程序控制策略，通过制动系统的数次开关切换以达到安全降落月面的目的。程序控制策略主要思路如下：

1. 在着陆段初始作短暂的悬停之后，首先使着陆器沿垂直方向加速下降。

2. 待下降速度或下降高度达到某值时，通过制动系统使着陆器具有垂直向上的合加速度，从而实现减速下降。

3. 当减速至下降速度满足着陆速度要求且下降高度满足关机高度要求时，关闭制动发动机，让着陆器自由降落至月面。

着陆段的制动系统可采用变推力控制，亦可通过常值推力的脉宽调制方式来实现，具体要根据任务要求来决定。

六、软着陆下降轨道的技术要求

（一）对环月轨道倾角的要求

为简化制导律设计，同时节省推进剂消耗，希望月球软着陆在同平面内完成。由于霍曼转移在同平面内进行，因此，即要求软着陆下降轨道与环月停泊轨道在同一轨道面内。若不计月球自转，当环月停泊轨道的轨道面经过着月点时进行霍曼变轨，然后在近月点开始下降，即可在同平面内实现软着陆。因此，理想情况下，若给定着月点位置，只要保证环月停泊轨道倾角不小于着月点纬度，其星下点轨迹就会经过着月点。在实际飞行中，由于设备或空间环境等未知原因，可能在第一圈轨道面经过着月点时无法进行轨道转移，于是在实际设计中要求在接下来的几圈内都有能力实现同平面内软着陆，这就要求对轨道倾角进行修正。对于不同的软着陆任务，环月轨道倾角可能不尽相同，因而修正所需的推进剂也有所不同，需要通过计算来优化环月停泊轨道的轨道倾角。

（二）对软着陆下降窗口的要求

首先，对于着陆器从环月停泊轨道开始离轨的日期，需根据软着陆的任务要求来确定，应充分考虑地面测控、光照等对软着陆的影响；此外，离轨点的位置需要综合考虑近月点以及着月点的位置反推得到。其次，对于从近月点开始下降的窗口，要根据着月点的精度要求来确定，如确定近月点位置和下降时刻的范围等，同时，还应满足地面测控等的要求，如霍曼转移至近月点附近开始制动时是否需要地面的监控乃至干预等。

（三）对光照的要求

着陆器在环月停泊轨道上飞行，太阳电池阵需要不断获取光照来满足设备的电源要求，同时为蓄电池充电，为离轨下降作准备，因此需要太阳电池阵的法线尽可能地跟踪太阳矢量。着陆器离轨后进入霍曼转移轨道，仍然希望有足够的光照，为下一步的着陆作准备，当然也可根据着陆器飞行和电源的实际情况，来选择是否需要太阳电池阵获取光照。从霍曼转移轨道近月点开始，着陆器的软着陆时间很短(约20分钟)，此时可完全采用蓄电池供电的方式。着陆器着陆后，立刻使太阳电池阵对准太阳，以满足舱内设备的电源需求，同时为蓄电池充电。此外，还需要考虑各种光学设备对光照的特殊要求。

（四）对地面测控的要求

着陆器从环月轨道离轨下降开始，希望软着陆下降的整个过程都在地面测控的范围内。其中，在椭圆轨道近月点开始软着陆时，可进行监控并实施地面干预；从近月点开始的软着陆过程，地面进行实时监控，但由于下降过程时间很短，因此不宜进行地面干预。降落月面后，地面需对着陆器再次实施监控和干预，如遥操作等，因此着陆器在月面上工作时的地面测控条件需根据具体的任务要求来确定。

讨论与分享

你认为月球探测器在月球上实现软着陆需要考虑的最重要的因素是什么？

第三节 评估与总结

评估测试题

1. 请你查一查中国“嫦娥”系列月球探测器的月球软着陆方式。

2. 请你概述月球探测器软着陆下降轨道的技术要求。

3. 说一说月球探测器还有哪些着陆方式，各自有什么优缺点？

本章总结

本章我们学习了月球探测器的运行轨道、月球探测器的软着陆、用绘画的形式设计了月球运行轨道和软着陆过程。

以下几个重点，一起来回顾吧！

◆ 月球软着陆的关键技术之一就是如何抵消较大的初始速度，使着陆器安全降落月面。

◆ 从环月停泊轨道开始的软着陆，首先需要经历离轨和霍曼转移两个阶段，之后，着陆器进入环月椭圆轨道。

◆ 制动段的主要目的是依靠反推发动机抵消较大的近月点水平速度，从而在制动段终端达到接近段的初始条件要求。

第十四章
月球探测器分系统探究

系统一词来源于英文“system”的音译，即若干部分相互联系、相互作用，形成的具有某些功能的整体。

在整体规划下明确分工，在分工基础上进行有效的综合。整体是前提，分工是关键，综合是保证。因为，没有整体目标的指导，分工就会盲目而混乱，使整体受到“五马分尸”之苦；离开分工，整体目标就难以高效实现。如果只有分工，而无综合或协作，那么也就无法避免和解决分工带来的分工各环节的脱节及横向协作的困难，不能形成“凝聚力”等众多问题。月球探测器各系统相互配合，各司其职，才能使月球探测器正常运行。

本章我们将对月球探测器的热控系统、月球探测器制导、导航和控制（GNC）系统、月球探测器推进系统、月球探测器电源系统、月球探测器跟踪通信系统进行探究。

第一节　月球探测器热控系统

问题引入

为什么我们看到的“玉兔号”外部是金色的呢？

所有的航天器在飞行的过程中都要经受极其恶劣的热环境，温度变化范围极大，可以从零下200多摄氏度到数千摄氏度变化。所有的航天器都需要采取一定的热控措施来保障航天器的安全，并保证航天器内的设备设施能够处于一个正常的工作范围。航天器热控制可以简单定义为控制航天器内外的热交换过程，使其热平衡温度处于规定的范围内的技术。因此，航天器的热控系统是航天器系统的重要组成部分。

小组活动

活动主题：

“嫦娥四号”月球探测器的热控系统探究。

活动建议：

“嫦娥四号”月球探测器包含了月球着陆器和“玉兔二号”月球车，小组可以选择其中一个进行展开分析。查找资料并阅读文献，学习“嫦娥四号”月球探测器为应对热环境采取了哪些措施，对这些措施展开研究，分析其采用的原理及应对方式。分析“嫦娥四号”的热控系统，并尝试分析“嫦娥四号”的热控系统的设计原理及规范与要求。了解常见的热控材料和装置，分析“嫦娥四号”现有的热控材料及装置有没有替换的可能性。将以上分析内容整理成文章，将团队的研究成果在班级进行展示。

活动成果：

总结出“嫦娥四号”月球探测器的热控系统的设计知识，并了解常见的热控材料及装置，提出创新的想法。

文献链接

一、航天器热控系统设计

各类航天器及航天器的不同构件、有效载荷有各自不同的温度要求，大部分星上仪器设备正常工作的范围是 0 ～ 45 摄氏度或 –20 ～ 50 摄氏度；某些部件有特殊的高温（如 200 摄氏度以上）或低温（如 –253.15 摄氏度以下）要求。随着有效载荷技术指标的提升，很多精密电子、光学仪器不仅需要合适的温度水平，而且要求温度波动的幅度很小，接近恒温。有些有效载荷的仪器设备对温度变化速率也有所限制。

从根本上说，航天器的热控设计就是按照航天器的具体任务和特点，根据空间环境条件和参数，结合航天器内部设备的发热情况，正确利用不能改变的限定条件，恰当选择允许调整的有关参数，通过分析计算和试验验证，确定合适的热控措施，以期实现航天器内外的热平衡，从而保证航天器所有仪器设备的温度都符合预期要求。

（一）通常航天器热控设计的基本依据

1. 航天器的任务和特点；

2. 航天器的轨道参数；

3. 空间环境条件；

4. 航天器设计寿命和可靠性指标；

5. 航天器结构外形及材料特性；

6. 航天器总体布局；

7. 航天器的飞行程序和飞行姿态；

8. 航天器上各种有效载荷的外形尺寸、质量、热容量、耗散热功率、工作模式和温度要求等；

9. 总体设计分配给热控系统的质量和功耗指标；

10. 发射场环境条件。

（二）航天器热设计一般应遵循的原则

1. 统筹规划热控分系统与航天器整体的关系；

2. 热控系统要适应航天器经历从生产、发射升空到完成任务寿命终结的全部过程；

3. 确保热控设计的高可靠性；

4. 确保热控措施具有良好的工艺性和较好的适应性；

5. 尽量控制热控系统的质量和功耗。

针对具体航天器型号进行热控设计时，通常要从分析航天器本体与宇宙空间的换热关系入手。航天器表面的温度水平对内部仪器设备的温度水平有决定性的影响。航天器表面温度主要由外部换热关系来决定，采取适当的措施，控制航天器与宇宙空间的换热，进而达到控制航天器整体温度的目的。

组织航天器内部换热过程时，要注意航天器整体的合理布局。尽量使结构件和仪器设备形状、尺寸、材料、连接方式和表面状态等满足热控的要求。此外就是选用适当热控措施，如强化传热或有效隔热，合理安排热量的分配和传递，保证航天器所有仪器设备温度处于适当的范围内。

当前航天器上广泛采用的热控措施大致分成被动式和主动式两种。被动热控是一种开环式控制，主要依靠合理布局，选用具有适当热物理性能的材料，采用结构比较简单的热控制装置来组织换热过程。其特点是简单、性能可靠、工作寿命长，不足之处是不具备自动调节温度的能力。主动式热控是闭环式控制。这类热控装置通常由温度传感器、控制器和执行机构三部分组成。如恒温电加热器、热控百叶窗、热开关等。它们的特点是被控对象的温度信息可以反馈到控制器，与预先设定值进行比较，然后根据需要命令执行机构动作，实现温度自动控制。主动热控装置比较复杂，必然增加热控系统的质量和电功率需求或采用复杂的机构，同时为了使主动热控装置达到可靠性指标需要做大量的工作。

由于受到运载能力和功耗的限制，在工程上大多卫星都以被动热控措施为基础。对于结构比较复杂或任务特殊的航天器，外热流环境和内热源变化幅度比较大时，仅依靠被动式热控措施无法满足要求，就需要增加主动热控措施。

除保障航天器主体的温度水平外，热控系统还需要为航天器各分系统特别是有效载荷提供合适的温度条件，但是只有少数的热控措施独立存在，更多的是附属于被控部位。例如，热控涂层和多层隔热材料，必须覆盖在被控部位的表面才能发挥作用。由此可见，热控系统与各分系统之间有密切的依存关系，选择热控措施时必须从航天器总体设计的全局出发进行优化设计，以便达到预期的工程目标。

二、常用的热控材料和装置

航天器上使用的被动式和主动式热控措施，主要是指具有某些特定性能的材料和复杂程度不一的各种装置。下面简要介绍几种常用的热控措施。

（一）热控涂层

航天器与外部环境的热交换通常仅以辐射方式进行，航天器内部的热交换一般也是辐射起主导作用。因此，材料表面的太阳吸收率和红外发射率就成为热设计最重要的待定参数。

根据热控需要而进行的表面特殊处理或涂敷的适当涂层，统称热控涂层。按照材料工艺分类，热控涂层大致有金属基材型、电化学型、涂料（漆）型和真空沉积型等几种。

表 14-1 热控涂层分类

热控涂层	金属基材型	抛光金属表面（金、铝、钛……）
		喷砂金属表面（不锈钢……）
	电化学型	铝光亮（着色）阳极化……
		电镀（金、银、黑镍……）
	涂料（漆）型	有机（黑、白、灰、金属……）漆
		无机（黑、白……）漆
	真空沉积型	真空－蒸发沉积金属（金、银、铝……）
		玻璃型二次表面镜（石英玻璃镀银……）
		塑料薄膜型二次表面镜（（F46 薄膜镀银……）
		蒸发－沉积介质膜二次表面镜（铝－氧化硅……）

（二）多层隔热材料

基于多层反射屏辐射换热原理，由多层低发射率薄膜与间隔物交替叠合而成的多层隔热材料，在航天器上得到广泛的应用。由于在真空条件下其隔热性能比其他常见的隔热材料要优越得多，故被誉为“超级隔热材料”。此外，它还具有质量小的突出优点，适合航天器使用。

多层隔热材料通常用于航天器内部仪器的保温和外部表面的遮蔽，遮蔽外表面可以减少航天器和宇宙空间的热耦合关系。当使用部位温度低于 150 摄氏度时，最常用的多层隔热材料由镀铝聚酯薄膜和涤纶网组成。

（三）热管

热管是一种依靠工质的蒸发、凝结和循环流动而传递热量的部件，其传热性能远远超过相同直径和长度的金属棒材，其热导要大 2 ～ 3 个数量级。由于热管能在距离较远、温差极小的条件下传递很大的热量，故被认为是“热超导”部件。

图 14-1 是典型热管的结构示意图。外层是密封的金属 (铝、不锈钢等) 圆管。管的内壁铺设一定厚度的毛细材料，称为管芯。管内充有少量液态 (氨或丙酮等) 工质。当热管的一端 (蒸发段) 与热源相连接时，热量通过管壁及管芯传给工质。液态工质受热蒸发，其饱和蒸汽流动到热管的另外一端 (冷凝段)，并在那里凝结下来，放出气化潜热。热量通过凝结液、管芯和管壁传到外界去。蒸汽放出潜热后凝结成液体，通过管芯，在毛细力作用下回流到蒸发段。如此循环不已，实现热量的连续传递过程。

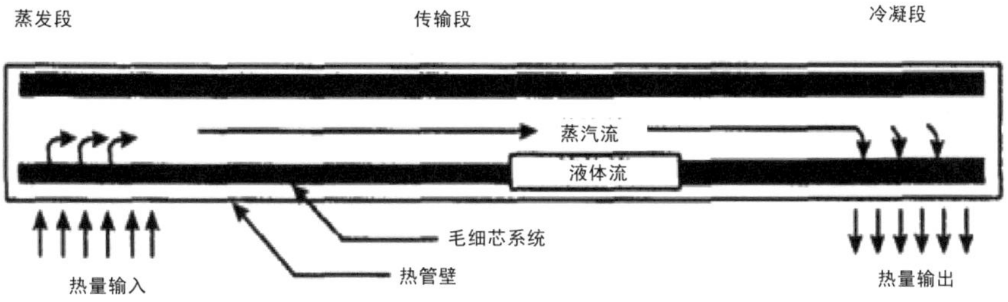

图 14-1 典型热管的结构示意图

热管没有运动部件，不需要消耗电能，结构紧凑且运行可靠，特别适合无重力影响的空间飞行器上应用。例如通信卫星大功率行波管的散热问题，几乎绝大多数依靠热管来解决。

一般的热管属于被动式热控措施。除普通热管，还出现了可变热导热管、热二极管或热管式热开关，具有一定的自动调节温度的能力。将热管网络预埋在蜂窝板内，已经成为卫星仪器安装板的重要形式。其特点是即可减小结构件的质量，又具有优异的传热性能。

（四）电加热器

电加热器由电热元件、绝缘层和引出线三部分组成。由于电加热器结构简单，效果明显，因而广泛应用于航天器上需要加热的部位。目前卫星上使用的电加热器，主要有两种类型。一种是以铜锰镍合金箔(丝)为电热元件，聚酰亚胺薄膜为绝缘层的薄膜型电加热片(带)。其特点是既薄且轻，厚度为0.1毫米左右，单位面积质量约为360克/平方米。可在−180～130摄氏度的温度范围内长期工作。在500伏特电压下无击穿现象，绝缘性能良好。这种电加热器已经大量用于星内仪器设备的温度控制。另外一种是铠装(套管)高温电加热丝。这种电加热丝外径为1毫米左右，可以方便地缠绕在待加热的物件上，并有良好的耐冲击、耐振动和耐冷热交变的性能，可在900摄氏度左右的高温下使用。卫星上的自控发动机等部件普遍使用这种电加热器。

从使用方式来说，电加热器大致有以下五种类型：

1. 加热功率为恒定值，无任何调节能力，属于简单的被动式热控措施。

2. 按事先设定的程序控制电加热器的通电与断开。

3. 与电子式或机械式恒温控制器配套使用，具有温度信息反馈的自动调节能力，属于主动式热控措施。

4. 由地面站发送指令，遥控电加热器的工作。

5. 为确保电加热器工作的可靠性，兼备自动调节与遥控两种功能，目前许多卫星采取这种工作模式。

（五）无源主动式热控装置

主要有叶片式百叶窗和热控旋转盘等，特点是不需要或少耗费能源。通常基本原理是利用双金属弹簧为核心驱动装置，驱动低发射率叶片，不同程度地遮挡高发射率的表面，改变当量发射率，从而调节被控对象的温度。作为一种主动元件，百叶窗已在许多航天器上以不同形式得到应用。在无需消耗能量的情况下，百叶窗由全关到全开时，通常能使散热量变化6倍，因此用于因周期循环而使内部功耗变化较大的场合。用得最广的百叶窗机构是双金属弹簧驱动的矩形叶片(条状波形)一类，另一类是液压驱动和转盘式百叶窗，采用不多。可靠性问题可以通过一个叶片独立地由一个双金属弹簧片驱动的设计方法来“解决”，这样一来，单点失效仅存在于单个叶片，而不是整个百叶窗机构。双金属弹簧可以与加热器/控制器集成在一起，可将由关到开的温差从10～17摄氏度减小到其至1摄氏度。

（六）热辐射器

航天器内产生的废热通过热管、热开关、流体回路、环路热管等传到位于航天器表面或外部的热辐射器，通过热辐射器将废热排散到宇宙空间。因此对热辐射器的一般要求是其表面应具有低的太阳吸收率和高的发射率，排散单位能量所需的质量越小越好。对需在月面着陆的探测器，在月面白昼时，月面红外辐射强烈，辐射器表面应尽可能避免看到月面，因此一般将辐射器安装在探测器顶面，辐射器表面朝向天空。在月球黑夜时，为了防止辐射器向空间大量散热，可以采用如下的方法。一种办法是在辐射器外设置一个可开闭的屏，白昼时屏打开，露出热辐射器散热面，黑夜时屏闭合，将热辐射器遮挡，苏联的月球车就是采用这种方式。另一种办法是将热辐射器设计成可展开式的，辐射器背面包覆多层隔热组件，在白昼时辐射器展开，辐射面朝向天空，在黑夜时辐射器收拢，辐射面面向辐射器散热面，辐射器背面的多层隔热组件对探测器起隔热作用。

三、月球着陆探测器热控措施简介

20世纪，美国和苏联对月球开展了大规模探测。共成功发射了49个无人月球探测器和6艘载人登月飞船，先后有12名航天员登上了月球。实现了月球环绕、硬着陆、软着陆、巡视勘察、采样返回等多种探测方式，获取了大量关于月球的科学知识，极大地促进了航天及其相关领域技术的发展。

月球着陆探测器的热控设计要针对三个不同的任务阶段来进行：地月转移阶段、环月降落阶段和月面工作阶段。对三个不同阶段，外热流环境不同，分配给热控系统的质量、功耗资源也会有一定的差异，热控系统必须适应这三个不同工况条件下的探测器热控制要求。

热控系统的难度与传统地球轨道飞行器的热控设计相比主要体现在月面生存阶段，特点主要表现在以下几方面。

（一）长达14个地球日的月昼，太阳热流照射时间长，同时月表温度约120摄氏度。月面红外热流大，其量级不亚于太阳热流。两种热流对于巡视探测器的加热时间长，方向全面，散热面开设方向选择困难，散热面面积受到总体布局的限制。

（二）月夜的 14 天内没有太阳光照，同时周围环境温度下降至 -180 ～ 200 摄氏度，低温持续时间长，太阳能电池无法工作，通过蓄电池等常规能源技术为热控系统提供加热电功率实现多次月夜生存难度较大。

（三）为实现月夜低温生存拟采用同位素热电源技术，其热量的有效导入和充分利用以及在月昼时对大量冗余热量的充分排散所采用的热控手段及相互之间的接口有诸多技术问题需要解决。

(四) 月面存在重力，热管使用环境发生变化，必须要考虑逆重力工作模式。

(五) 有些着陆器还要携带巡视探测器，巡视探测器在月面工作时处于不断运动中，方向不断变化，热流环境更加复杂，轮系桅杆等暴露部件温度受月面温度影响严重，变化剧烈，可采取的有效措施少。

(六) 受运载能力的限制，着陆器，巡视探测器可分配给热控系统的资源更少，必须实现关键设备的紧致化和超小型化。

讨论与分享

你认为该如何设计航天器热控系统？

第二节 月球探测器制导、导航和控制（GNC）系统

问题引入

说一说，你在日常生活中的哪些场景会用到导航系统呢？如果是月球探测器呢？他在什么时候会用到导航系统呢？

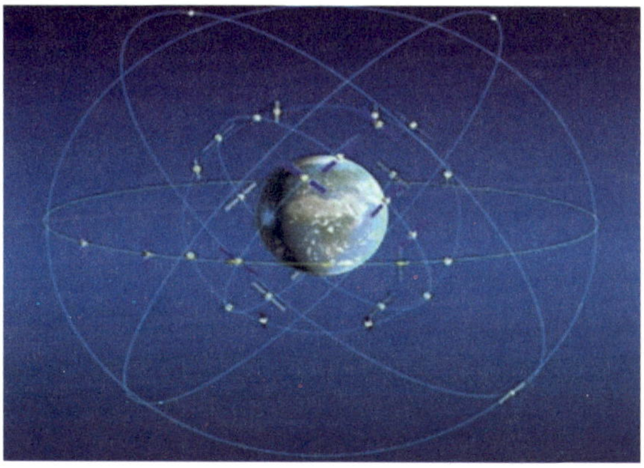

图 14-2 北斗导航系统

我们在上一章中分析了中国月球探测器的运行轨道，那么如何使得月球探测器可以按照预定的设计飞到指定的轨道呢？在探测器进行软着陆的过程中如何着陆在预先设定的位置附近呢？就需要月球探测器的轨道控制技术和月球探测器的制导、导航和控制系统。接下来我们进行探究。

小组活动

活动主题：

月球探测器制导、导航和控制系统探究。

活动建议：

小组讨论确定要进行重点探究的月球探测器的型号，可以是国内的也可以是国外的，确定型号；学习分析当前的航天器的制导、导航和控制方式，应用了哪些技术和哪些知识；分析航天器的远程制导、导航与控制方式与地上操作有哪些不同。

文献链接

一、月球探测器的轨道控制技术

航天器轨道设计是航天工程的重要组成部分，而给定条件下，如何实现轨道预定的目标则是轨道控制的研究内容。对于发展航天事业的世界各国而言，月球探测通常被看做是深空探测的第一步，应用于月球探测和深空探测的轨道控制一般有着基本相似的技术路线。本部分主要研究地月及行星际航天器的轨道控制，其范畴限于飞往月球及太阳系内行星，如火星、木星、小行星以及彗星等的轨道控制，较之近地卫星轨道控制，它有如下特点。

（一）控制精度要求高

星际飞行轨道初始速度和方向稍有误差，到达终点时将产生很大偏差。例如，到火星着陆的航天器在初制导结束时，若速度误差为 0.3 米 / 秒，方向误差为 1 分，则到火星的距离偏差将达 2×10^4 千米，相当于火星直径的三倍。

（二）导航技术难度大，特别是高精度导航更难

因为在广阔的太空中能作为导航的基准非常少，在漫长的飞行中，即使以光速传播的无线电波也有时间延迟，所以如何确定其精确位置是一个难题。

（三）飞行距离远

无线电传递时间延迟大，地面站难以遥控，例如，无线电波从地球到土星往返一次需 2.64 小时，而从地球到冥王星往返一次则需要 10.4 小时。因此所有控制操作都需要在星上实现自动化。

（四）要求控制系统功耗小、设备轻、可靠性高

这些对星际飞行显得更加迫切和需要。探月和星际轨道控制可相应分为逃逸轨道控制、转移轨道控制以及接近和进入轨道控制。对于复杂的轨道控制，三者会互相交错。美国 1977 年所发射的“旅行者”行星探测器在其飞行途中实现了木星、土星和天王星三星联访，中途进行了 8 次轨道修正。而 1989 年发射的“伽利略”木星探测器经过一次金星和二次地球引力辅助变轨，并在途中探测了两个小行星，才到达木星，中途修正达 29 次。

目前深空探测的重点已从以前的动辄数十亿美元耗费巨大的大型探测项目转

移到低成本小型化探测项目上来，探测的目标主要是月球、火星和小行星等。这样，对轨道控制技术特别是导航技术提出了更高的要求。

月球及星际探测器的轨道控制最早起源于导弹技术，如同弹道式导弹一样，先期的月球探测器在运载火箭末级关机后，不再进行控制，凭着末级关机精度，直接自由飞向月球，其主要目的是能够命中月球或从月球近旁穿过进行拍照。随着探测任务和要求的提高，需要对探测器轨道进行中程修正或制导，修正时间和次数视具体任务和要求而定。对月球探测器轨道来说，一般修正二次：第一个速度增量冲量修正主要误差(如地月变轨发动机误差)；第二个冲量修正剩余残差。而行星际飞行轨道由于飞行时间更长，飞行环境更为复杂，修正的次数相应增加以满足任务要求。中程修正的主要问题是何时进行修正，修正过早可能由于定轨精度不够而使修正失去意义，修正过晚有可能因为误差传播过大而超出修正能力。

修正策略按时间可分为固定时间到达和时间不固定两种方式，类似于中心引力场中的兰伯特拦截轨道和最小能量轨道。按修正次数又可分为一次修正和多次修正。兰伯特拦截轨道和最小能量轨道都可以利用兰伯特定理进行数值迭代得到，而对于包括多引力场的地–月及行星际飞行轨道，对如何根据给定的两点位置求得一条满足要求的轨道这一问题，柯兹纳（Kizner）作出了重要贡献。他发现建立在目标星B平面参数与轨道状态量的偏差量之间存在着线性关系，而B平面参数很容易转换为目标量，由此可计算得到修正误差所需要的速度冲量。柯兹纳（Kizner）的工作大大促进了深空轨道制导的研究，直至现在绝大多数地—月及行星际飞行轨道修正的目标参数(如轨道倾角、轨道高度）都转换为B平面参数。

地–月及行星际轨道制导与导弹制导的主要不同在于地—月及行星际轨道的飞行时间要远大于导弹飞行时间，修正后的残差沿轨道传播仍有可能超出任务要求，所以星际制导一般要进行多次。如何确定最优修正次数和修正时刻以使修正燃料消耗最少是20世纪60年代星际制导研究的热点所在。间距比方法得到了广泛应用，该方法的主要思想是尽快进行第一次修正，以后各次修正时间间隔与前一时间间隔之比为常数，直至满足误差要求，不再进行修正。

思考讨论

你认为行星际飞行轨道修正的关键是什么？

二、月球探测器的制导、导航和控制（GNC）系统

月球探测器工作轨道为环绕月球、通过月球两极、高度 200 千米的圆轨道。月球探测器由运载火箭送入近地点 200 千米的大椭圆轨道（超地球同步轨道），与运载火箭分离后，探测器依靠自身的制导、导航与控制系统和推进系统进行一系列的姿态和轨道机动，到达绕月轨道。

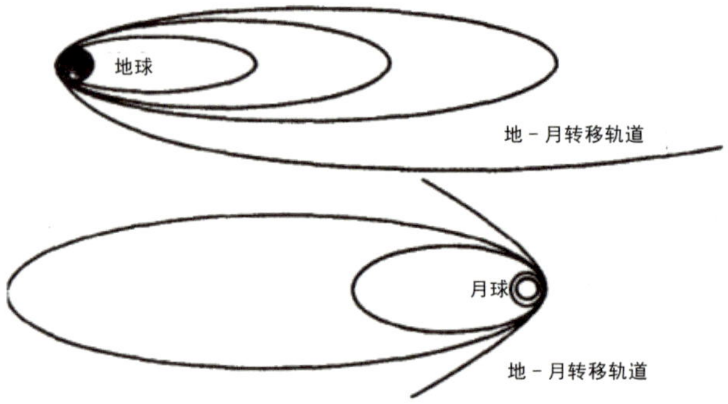

图 14-3 月球飞行卫星

（一）月球探测器到达绕月轨道的过程轨道段

1. 调相轨道

任务是将超地球同步转移轨道（GTO）变为地—月转移轨道。在近地点进行三次变轨机动增加近地点速度，使远地点高度逐步增加。在超 GTO 轨道上运行半圈后将轨道周期变为 24 小时，接着运行一天后将周期变为 48 小时，两天后最终变为地—月转移轨道。为了有利于近地点的测控，计划在进行这三次大的近地点机动之前对超 GTO 轨道作一次小的远地点机动，将近地点高度由 200 千米提高到 600 千米。

2. 地—月转移轨道

近地点高度 600 千米，近地点速度 10.5 978 千米 / 秒。转移轨道飞行时间 5 天，是最小能量的转移轨道。在转移轨道飞行途中一般都需进行若干次轨道修正，正

常情况下是两次，一次在离开近地点后的 24 小时以内，另一次是在到达近月点前的 24 小时以内。

3. 月球捕获轨道

卫星第一次到达近月点时相对于月球的速度为 2.39 千米 / 秒，相对于月球的月心轨道是双曲线轨道，为了使其变为所设计的使命轨道，必须作减速机动。采用近月点三次减速机动，依次将轨道周期变为 12 小时、3.4 小时和 127 分钟。

（二）GNC 系统四个任务阶段功能

1. 调相轨道段（星箭分离至第三次近地点变轨结束）功能

完成速率阻尼，太阳捕获，建立巡航姿态。在巡航姿态下，探测器的 $+X$ 轴指向太阳，太阳翼电池面法向与 $+X$ 轴一致，保证电源、温控和测控条件，处于安全状态。完成一次远地点变轨和三次近地点变轨，实施变轨点火期间的制导和控制。每次变轨前建立变轨点火姿态，变轨结束后建立并保持巡航姿态。

2. 地—月转移阶段（第三次近地点变轨结束至临近近月点）功能

完成两次中途修正，实施点火期间的制导和控制。每次修正前建立轨道修正点火姿态。修正结束后建立并保持巡航姿态。

3. 近月制动阶段（第一次制动点火至进入绕月工作轨道）功能

完成三次制动点火，实施轨控点火期间的制导和控制，使探测器进入要求的绕月轨道。

4. 绕月轨道阶段功能

建立并保持对月定向三轴稳定姿态。为此，要自主进行姿态控制、太阳帆板指向控制和天线指向控制，使科学探测仪器对准月球表面，太阳电池阵面向太阳，通信和数传天线对准地球。同时每隔一段时间要进行轨道修正，克服轨道摄动，保持要求的运行轨道。

此外，控制系统应具有一定的自主故障检测、主备份设备切换和系统重组的能力。发生紧急情况时，能自动进入应急安全模式，保证太阳电池翼发电。在环月轨道运行期间具有在故障排除后从任意姿态再捕获到正常的对月定向姿态的能力。

三、月球软着陆探测器的制导、导航和控制系统

制导、导航和控制 (GNC) 是月球软着陆的关键技术。探测器要把尽可能多的有效载荷完好地运到月球表面预定区域，要在没有大气的月球表面软着陆，都必须靠 GNC 系统来实现。GNC 技术在月球软着陆中的任务和条件不同于地球附近的卫星和飞船再入大气层。设想无人月球探测器由轨道器和着陆器组成；探测器由运载火箭送入地月转移轨道；着陆器降落到月面是个单程任务，即它无须返回地球或再起飞到达某一环月轨道；月球探测器从地—月转移轨道进入一个环月轨道，成为一颗月球卫星，然后轨道器与着陆器分离，着陆器从环月轨道开始软着陆过程，轨道器留在环月轨道上；着陆地点由着陆器在环月轨道上的变轨点所决定。

为了完成月球软着陆任务，可利用运载火箭将月球软着陆探测器发射到地—月转移轨道，经过中途修正后，转入环月停泊轨道。然后探测器经霍曼转移到达近月点，开始软着陆，经过复杂的轨道机动，探测器将在一定的误差范围内，在预定的月面着陆点附近实现软着陆。飞行过程如下图所示：

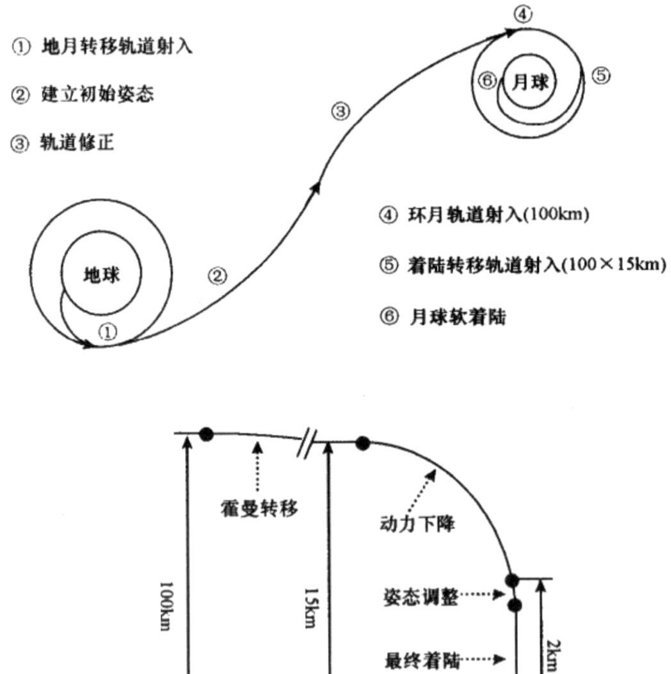

图 14-4 软着陆示意图

（一）软着陆过程

1. 动力下降段

从距月面 15 千米至 2 千米。把探测器相对月球的速度从约 1.6 千米 / 秒降至 0 米 / 秒。

2. 姿态调整段

从距月面 2 千米至 100 米。要在尽可能短的时间里将着陆姿态调整为垂直向下。在此过程中，利用变推力发动机来抵消月球引力，使探测器缓变速下降。

3. 最终着陆段

从 100 米至 4 米段。抵消由月球引力场引起的速度即可，使最终速度为 0 米 / 秒。在此段中由月面成像仪探测着陆点地形，探测器可做一定的平移，以选择合适的着陆地点。

4. 自由下降段

从 4 米至 0 米段。地—月转移和环月段对于月球探测器的功能要求，以及系统配置和系统设计可参考月球卫星。

（二）着陆器 GNC 系统的功能

1. 实现软着陆期间姿态与轨道控制，并满足光照与测控要求。

2. 具备自主选择着陆位置的能力（主动避障）。

3. 具备自主导航和制导的能力。

4. 着陆后实现太阳帆板和定向天线的指向控制，帆板对日定向，天线对地定向，满足能源和通信需求。提供探测器在惯性空间的姿态数据。

5. 自主故障检测，主备份设备的切换和系统重组的能力。

6. 通过注入程序块，具有在轨维护的功能。

讨论与分享

你认为月球卫星的制导、导航和控制系统可以有什么创新吗？

第三节 月球探测器推进系统

问题引入

你知道月球探测器的推进系统包含了哪些功能吗?

一、推进系统基本原理及分类

推进系统是靠自身携带全部推进剂喷射工质（工作介质）产生的反作用力推进航天器飞行的装置。不依赖外界工质产生推力，可以使航天器在大气层内飞行，也可以在大气层以外飞行。

推进系统的分类方法虽然很多，但工作原理和组成部分基本相同：工作时，推力器使工质高速喷出，而工质给推力器一个反作用力，即推力，使航天器的速度产生变化。由牛顿力学第三定律可知，这个反作用力与推进系统对推进剂的作用力大小相等、方向相反。推力 F 与推进剂流量 q、推进剂比冲 I_{SP} 和重力加速度 g 的关系可以表述为：$F=I_{SP}gq$。

其中，比冲的大小表示每 1 千克的推进剂所产生的冲量，所以称为比冲，它表征了推进剂的使用效率，常用单位是牛 · 秒 / 千克（N · s/kg），可以理解为每千克推进剂可以持续产生 1 牛推力的时间。也可以用米 / 秒（m/s）作为单位，此时比冲可以理解为推进剂相对航天器的有效排出速度。严格地说，只有推进系统排出的物质是液体或固体时，式 $F=I_{SP}gq$ 才成立。而实际上从发动机中排出的物质通常是气体，为了推广前面的公式，就应该考虑气体对火箭的额外影响，因此对式 $F=I_{SP}gq$ 要进行修正：$F=I_{SP}gq+A_e(P_e-P_a)$。其中，A_e 为发动机喷管喉部截面积；P_e 为喷管喉部气体压力；P_a 为环境压力。

尽管工作原理相同，但推进系统的具体形式是多种多样的。根据能源的不同，推进系统可以分为化学推进系统、电推进系统以及其他新型推进系统等。化学推进系统又分为固体火箭推进系统、液体火箭推进系统和混合推进系统等。其中化学推进系统的主要特点是能量来源于推进剂的化学能，因此比冲受到推进剂化学键能的限制，通常为 200 ～ 300 秒；电推进系统的能源主要来自于太阳电池或星上能源系统的电能，因此比冲不受化学键能的限制，通常可以达到很高，但受电功率的限制通常推力较小；其他新型推进系统包括太阳帆、等离子帆等帆系统和电动绳系等，主要特点是能量和推进剂来自于空间环境，而不是由航天器自身提供，因此理论上比冲可以非常高。此外，还有利用核能作为推进系统能源的设计，包括利用核反应堆热能的热核推进系统或空间核电站的电能的核电推进系统等。

表 14-2 推进系统的分类及主要特性

类别	发动机形式	能源	工作介质	比冲（kN·s/kg）	研制情况	应用目标
化学推进系统	液体火箭发动机	推进剂化学能	化学反应生成物	2～4.5	成熟技术	航天器发射和近地空间
	固体火箭发动机	推进剂化学能		2～3		
热核推进系统	固体反应堆的推进系统	核燃料	离解的气体	8～12	地面试验	轨道间运输，行星际考察，行星际探测
	液体反应堆的推进系统			12～20	实验室实验	
	气体反应堆的推进系统			15～70	设想	
	脉冲式发动机	核裂变	等离子体	10	理论研究	
	热核发动机	核聚变		10～100		
	发射性同位素发动机	放射性衰变	离解的气体	8～12		
电推进系统	电热式推进系统	核反应堆或太阳能	等离子体	（3～15）$\times 10^{-3}$	成熟技术	同步轨道位置保持，卫星轨道转移，深空探测
	静电式推进系统			（30～100）$\times 10^{-3}$	已工程应用	
	电磁式推进系统			（15～100）$\times 10^{-3}$		
其他	太阳帆	太阳放射性衰变	光子	—	空间演示验证	深空探测
	等离子帆		太阳风粒子	—	理论研究	

思考讨论

请你概述推进系统的基本原理。

二、国外典型着陆器推进系统

推进系统是所有月球探测飞行器的必要组成部分，它直接决定了月球探测任务的可行性。苏联载人登月之所以失败最主要的原因是运载火箭发动机的不成功，美国新的重返月球计划的主要难点则是推进技术的制约。下面对国外月球着陆器的研究状况进行介绍，以增强对着陆器推进系统的工作原理、基本要求、系统配置等的了解。

（一）美国勘测者号月球探测器（Surveyor）

勘测者号月球探测器是阿波罗飞船的前期工程，主要用于为阿波罗载人登月计划选择着陆点，获取工程数据。勘测者号月球探测器实现了在月面上的软着陆，其推进系统包括冷气（氮气）推力器、一个固体反推火箭发动机和液体辅助可调节推力的推进系统。冷气推力器用于姿态控制，固体火箭发动机用于下降制动阶段主减速，液体辅助推进系统用于控制固体发动机点火时的姿态和实现最后的软着陆。

勘测号月球探测器由休斯飞机公司设计和建造，第一目标是验证地月飞行技术、软着陆技术和信息传输技术，第二目标是传回地月空间环境和月球表面的科学数据。

探测器的着陆器采用三条着陆腿并尽可能降低重心，以适应各种条件下的着陆。探测器包括三台机动发动机和一台主反推火箭发动机。勘测者号月球探测器的地月转移由运载火箭上面级完成，主反推火箭发动机主要用于近月制动和探测器月球轨道离轨，机动发动机主要用于中途修正、主反推火箭发动机工作时姿态控制、最终下降姿态和速度控制。机动发动机的推力可调，范围为 30 ～ 104lbf，调节阀为气动开关阀，用排气阀控制冷却套的吹除。三台机动发动机安装在着陆腿的悬挂点附近，通过发动机支架上的应变片测量发动机推力的近似值，其中一台发动机可以在 X-Y 平面内绕径向线 ±5 度摆动，用于飞船的滚动控制。

近月制动过程中，在反推火箭发动机工作前先启动机动发动机进行推力矢量控制，在反推发动机工作时进行姿态控制，反推发动机工作结束后机动发动机继续工作完成剩余的减速工作。匀速下降阶段，利用机动发动机工作，保持恒定的推重比，大约是月球加速度的 0.9 倍。

（二）苏联月球号（Luna）系列月球探测器

苏联实现了无人探测器的掠月飞行、绕月飞行、登月、月球车月面巡视和采样返回，同时开展了载人登月工程。虽然苏联未能最终实现载人登月，但其完成了载人登月飞船及其动力系统的试验，其登月飞船及动力系统达到了相当高的水平。在 1970—1971 年，通过“联盟号”运载火箭，进行了三次载人登月着陆器的动力系统的太空试验。

苏联共发射了 24 艘月球探测器，其中 Luna 9 和 Luna 13 实现了月面软着陆，Luna 17/Lunokhod 1 和 Luna 21/Lunokhod 2 带月球车进行了月面巡游，Luna 16、Luna 20 和 Luna 24 实现了取样和自动返回。这些探测器的推进系统均采用泵压式液体火箭发动机，其中 Luna 4 ～ 14 采用了 KTDU–5A 型泵压式液体火箭发动机，额定推力 45.5 千牛；Luna15 ～ 24 下降级发动机采用 KTDU–417 型泵压式液体火箭发动机，额定推力 7.35 ～ 18.92 千牛，推力室压力 8.3 兆帕斯卡，比冲 3089 米 / 秒 (314 秒)，工作时间 650 秒，在下降过程中点火 11 次 (其中小推力模块为 KTDU–417–B，额定推力 2.06 ～ 3.43 千牛)。需要取样返回的 Luna16、Luna 20、Luna 24 探测器的上升级发动机采用 KRD–61 型泵压式液体火箭发动机，额定推力 18.8 千牛。

在系统设计上，苏联为载人登月工程研制的登月舱下降和上升动力系统均采用了双重冗余，即采用两套性能相近的发动机，分别为 11D411 主发动机和 11D412 备份发动机。备份发动机以双喷管方式，对称布置在主发动机两侧，当主发动机出现故障时，启动备份发动机保障任务的完成，大大提高了可靠性和安全性。主发动机为变推力发动机，采用泵压式推进剂供应方案，推力调节范围从 25 牛～3 000 牛，比冲 3 089 牛 · 秒 / 千克 (315 秒)，发动机启动次数可达 12 次，实际飞行启动次数 2 次。该动力系统性能高，并且已经完成了所有的地面以及空间试验，验证了很高的可靠性水平，达到了实用水平，具有实行载人月球探测任务的能力。

讨论与分享

通过学习探测者勘测者系列探测器和 Luna 系列探测器后，查找资料，说说月球探测器推进系统需包含哪些功能？

第四节 月球探测器电源系统

问题引入

你认为确保月球探测器正常运行需要怎样的电源系统？

小组活动

活动主题：

月球探测器电源系统探究

活动建议：

探究月球探测器的电源系统，了解外天空的环境条件以及当前航天器所使用的电源系统，分析为何选择此种电源系统；分析电源系统中所使用到的学科知识；了解同位素温差发电的原理，并组装温差小车；分析如何使得温差发电小车的速度更快。

活动内容：

你可以根据手中的材料，自主拼装温差发电小车，并考虑如何改进。

图 14-5 温差小车

文献链接

一、电源系统设计要求

电源系统是产生、储存、变换、调节和分配电能的航天器分系统，简称电源系统。其基本功能是通过某种物理变化或化学变化，将光能（太阳辐射能）核能或化学能转换成电能，根据需要进行储存、调节和变换，然后向航天器各系统供电。

电源系统是航天器的重要组成部分，任何一种航天器均需要配有一个合适而可靠的电源系统。要完成航天器复杂而繁重的飞行任务，必须以电源系统能安全、持续、可靠的供电为前提。电源系统的发展水平对提高航天器性能、延长工作寿命亦起着决定性作用。

随着空间技术的迅猛发展，空间电源技术亦获得高速发展，早期的航天器多采用单一的化学电源供电，目前已有锌银蓄电池、锂电池、氢氧燃料电池、太阳电池阵 / 蓄电池组联合电源、放射性同位素温差发电器、核反应堆温差发电器和热离子反应堆等多种电源用于各类航天器。绕月飞行的月球探测器较多的采用太阳电池阵 / 蓄电池组联合电源的较多，而月球着陆器和月球车，为了使所载的仪器设备能顺利度过月球漫长的黑夜，必须配置放射性同位素温差发电器。

（一）电源系统设计的基本要求

1. 功率要求

航天器的功率要求指航天器在不同飞行阶段的负载功率要求，它包括恒定功率、短期功率及脉冲功率。航天器在各飞行阶段的负载功率常出现较大的变化，通常以负载功率与任务时间的关系曲线（负载图）给出。电源系统应在航天器飞行寿命期间内，满足各负载功率的需求，并能稳定地不间断地供电。

2. 电源母线电压

电源母线是电源系统向各负载供电的总汇流线，电源母线电压一般指电源系统在配电器输出端的电压。不同航天器，不同电源常采用不同的母线电压，多数航天器采用的母线电压为锌银蓄电池组：27±3 伏特；太阳电池阵 / 蓄电池组联合电源：28 伏特、42 伏特、100 伏特。对数千瓦级大功率电源将采用 100 ～ 270 伏特的高压母线，以减小供电线路的功率损耗。

3. 直流 / 直流变换器的供电电压

直流 / 直流变换器的供电电压一般有 28 伏特、±20 伏特、±12 伏特和 ±5 伏特等 7 种电压可供选用。但为了限制总体电压种类，每个型号的航天器对供电电压都做出了明确的规定。

4. 阻抗特性

从电源母线上测得的电源阻抗在 0 ～ 50 兆赫兹频率范围内分解，给出阻抗特性曲线，并要求电源阻抗足够低，以便使用电设备产生的反馈纹波电压不会过大，并可改善在负载功率变化时，电源输出的动态特性。如有的负载要求电源母线的阻抗为：10 赫兹～ 40 千赫兹不大于 0.1 欧姆，40 千赫兹～ 30 兆赫兹为 +20 分贝每十倍频。

5. 纹波电压

当电源系统向阻性负载提供最大电流时，在 0 ～ 50 兆赫兹的测量频率范围内测得其纹波电压的峰值应不大于 0.6 伏特。

6. 瞬态特性

当负载跃变或电源切换时，在电源母线上产生的瞬态电压的峰—峰值，应限制在 10 微秒内不超过额定电压值的 0.67 倍。

7. 工作寿命

电源系统的工作寿命与航天器的工作寿命相同。但各部件的设计寿命应比实际工作寿命长 0.5 ～ 2 年。

8. 可靠性

电源系统是航天器关键分系统之一，对其可靠性的要求很高，其可靠度应为 0.90 ～ 0.97，并严格执行各型号可靠性工程实施大纲的各项规定。它包括各部件可靠性指标的分配，可靠性模型建立，可靠性预计，故障模式影响及危害度分析(FMECA)，元器件、材料和工艺的选择与使用，电路的容差分析，电路的简化设计、冗余设计和空间环境保护设计，软件的可靠性设计，关键产品和关键项目控制及可靠性增长试验等内容。

9. 电磁兼容性要求

电源系统的电磁兼容性要求和防静电放电的要求主要有接地、防静电放电、控制剩余磁矩、合理的电缆设计与敷设、电磁兼容性试验等要求。

10. 质量、体积和功耗

由于受运载工具的运载能力限制，航天器的重量、外形尺寸和功耗受到了严格的控制，为此总体对各分系统的重量、体积（包括太阳电池阵面积）和功耗进行了分配，电源系统设计必须满足此要求。

11. 环境条件

电源系统应能承受航天器的地面环境、发射环境、空间环境和返回环境，并在此环境下正常工作，力求较小的性能衰减。

二、太阳能电池阵 / 蓄电池组联合电源

太阳能电池阵 / 蓄电池组联合电源系统由太阳电池阵（简称太阳阵）作为发电装置，化学蓄电池组作为储能装置联合而成，当航天器在空间飞行时，在光照期由太阳阵发电，除向航天器各系统供电外，还给蓄电池组充电。在星蚀期则由蓄电池组向航天器各系统供电。在光照期当出现大功率峰值负载时，若太阳阵供电不足，还可由蓄电池组补充供电。因此由太阳阵、蓄电池组和相应的电源控制设备组成了航天器不间断电源。

太阳电池阵 / 蓄电池组联合电源利用太阳辐射发电。具有质量轻、比功率大的优点，先进的大功率电源系统其比功率可达 18 瓦 / 千克；该系统的输出功率范围宽，自几十瓦至几十千瓦；工作寿命长、低轨道航天器工作寿命为 5 ～ 8 年，地球同步轨道卫星工作寿命为 12 ～ 15 年。因此，至今 90% 已发射的航天器采用太阳电池阵 / 蓄电池组联合电源，它的应用面之广、发射数量之多亦属于空间电源首位，但该系统的发电能力强烈地依赖光照条件，对航天器总体设计如航天器外形、姿态控制方式、发射窗口及轨道参数有较多的制约条件，增加了总体设计和电源系统设计的复杂性。

三、放射性同位素温差发电

放射性同位素温差发电器（RTG，Radioisotope Thermoelectric Generator），它是以放射性同位素作热源、多组温差电偶作热电转换装置并配以辐射散热器所组成的核电源。

1961–1998 年，美国在 25 个空间飞行器上使用了 43 个 RTG，一部分用于美国国防部发射的导航、通信卫星；另一部分用于美国航天局发射的气象卫星、月面站、火星着陆器及星际探测器，美国用在空间任务的 RTG 中，均采用放射性同位素钚 238（Pu）。输出电功率从 2.7 瓦到 300 瓦，质量从 2 千克到 56 千克，最高热电转换效率达 6.8% ，最高质量比功率达 5.4 瓦 / 千克，设计寿命 5 年。其中著名的阿波罗登月计划采用 SNAP27–RTG、飞向外层行星的旅行者探测器采用

MHW–RTG、伽利略探测器采用 GPHS–RTG。

讨论与分享

你认为利用温差还可以做出什么创新实验？

第五节 月球探测器跟踪通信系统

问题引入

你认为月球探测器是怎样与地球取得联系的呢?

文献链接

一、测控技术

TT&C(tracking, telemetering and command)是跟踪(tracking)、遥测(telemetering)和指令(command)的首位字母的缩写词。我国习惯称为测控。TT&C中实际上包括三种独立的技术,即瞄准目标的角跟踪及测角、多普勒频移测速和测距,这三者都是用于测量航天器轨道的主要要素,我国又常称外弹道测量(简称外测)。

二、通信技术

通信技术主要是用来传输高速数据率信息,不论无人月球探测器的遥感有效载荷数据或载人月球探测器需另外增加的话音通信、活动图像监视信息,都为高速数据率,这些数据必须合并成一条统一的数据流传回地球,另外由地球站传给月球航天器的图像数据,也都是高数据率数据。这些数据不方便和低数据率的遥测、遥控数据混在一起用残余载波调制体制传递,只能采用另一个频点,用抑制载波调制体制的二进制相移键控(BPSK)或正交相移键控(QPSK)传输。

探测月球的遥感器和探测地球的遥感器是类似的,都是利用月球反射太阳光或月球自身辐射的多频段(可见光和红外线)信号来获取月形、月貌和地质化学成分组成的数据,它们都是一种方形或矩形的图片。成像速率少于2~3幅/秒时,则称为静止图像(still-image),成像方法有三种,最早的一种称为光机扫描成像遥感器,之后发展出推扫式成像遥感器,最后一种是最为理想的,称为画幅式成像遥感器。

三、月球探测的空间阶段

美国克莱门汀(Clementine)月球探测器采用通信测控技术。美国自20世纪

60 年代末阿波罗载人登月任务结束，中断了 25 年的月球探测，于 1994 年 1 月 25 日由克莱门汀月球探测器的发射成功重新开始。克莱门汀月球探测器是美国重新启动探测月球的第一颗小型航天器。它的发射既有科学实验目的，又有技术试验目的。此计划的科学实验目的是：进行 2.5 个月的环月飞行，绘制月球表面数字地图，然后变轨飞往近地小行星 Geographos(地理星) 再进行 1.5 个月科学考察。技术试验主要目的是：用于考验为 SDI 计划 (俗称星球大战计划) 研制出来的轻型成像敏感器和 23 项新电子部件。克莱门汀只重 233 千克，可提供电功率 3 600 瓦，直径 1.14 米，长 1.88 米，属于小型航天器。克莱门汀重量轻，研制周期短，投资少，虽探测地理星未获成功，但测绘月球阶段共发回 160 多万张照片，成绩还是很大的，设计时要求工作寿命为 8 个月，实际在轨工作时间只有 4 个月。

四、调制和解调体制

现代月球探测通信跟踪（C&T）分系统采用的调制和解调体制和地球同步轨道（GEO）、低地球轨道（LEO）上运行的航天器的体制是一样的。TT&C(跟踪、遥测和遥控，国际上有时简称为跟踪，我国已习惯称为测控) 采用的是残余载波调制体制，它将航天器轨道测量必需的测速、测角、测距功能（我国习惯称为外测) 和遥测遥控 5 种功能合并在一对上、下行相干的载波上来完成。遥测、遥控信息都是数字化的，分别调制在频率比载波低得多的副载波振荡器上，后再对载波进行调相 (PM)。

测距用的基带信号，可以是模拟的侧音，也可是数字化的伪码序列。前者用多个频谱纯度很高的音频正弦信号来比对发、收相位差，再换算出距离，称为侧音测距；后者用有一定周期长的伪随机码序列比对相位差来定出距离。侧音测距时，地球站中先用多个侧音副载波和遥控副载波相加后，对载波调相，航天器接收后，再将侧音副载波分离出来，和下行遥测副载波相加，再对下行载波调相，地球站收到下行载波后，分离出侧音副载波后，比较发、收之间相位差，并判别距离模糊数，即可确定出距离。用伪随机码序列测距时，则用伪随机序列直接和遥控、遥测副载波相加后对上、下行载波调相。但不论哪种测距方式，调制后的载波分量并未完全消失，仍然保留一部分干净的、频谱纯度很高的载波分量称为残余载波。残余载波可用来测量其多普勒频移，以确定航天器的径向速度和根据载波的空间取向，来确定航天器与地面站为参照点的角位置。有时为了保持残余载波附近无干扰分量存在，用伪随机码测距时，其基带信号不采用非回零 (NRZ) 波形。而采用双相码 (BI) 波形。因此，这种调制体制称为残余载波调制，它已成为 TT&C 的标准调制体制。TT&C 已成为运载火箭发射航天器，将航天器送入轨道和航天器在轨运行 (operation) 和应急处置的必需分系统。

五、月球探测的地面阶段

美国国家航空航天局（NASA）的深空网 (DSN)——NASA DSN 是当今国际上装备设备最齐全、能力最强的深空网，可观测弧段接近全球覆盖。NASA DSN 是 20 世纪 60 年代为了支持阿波罗载人飞船登月探测而逐步发展起来的，航天器靠运载火箭飞离发射场的主动段，停泊轨道段和地月转移轨道段的初期 ($H \leq 18\ 000$ 千米) 仍需依靠陆基 MFN(载人飞行网) 的 16 座陆基固定站和四艘测量船上的 9.2 米口径天线，工作于 S 频段的 TT&C 设备来提供支持。18 000 千米以远的地月转移轨道段，环月飞行轨道段和月面登陆段都靠深空网的三座陆基站来提供支持。返回地球时尚动用 8 架遥测飞机提供支持。

六、月球探测运行模式特点

月球探测的 C&T 工作模式和发射月球探测器的轨道密切相关，比地球附近低地球轨道（LEO）、中地球轨道（MEO）和对地静止轨道（GSO）/ 地球同步轨道 GEO 中航天器的工作模式都复杂，后者只有主动段、停泊轨道段、转移轨道段、GEO/GSO 轨道插入段四种模式，前者必须具有主动段、停泊轨道段、地月转移轨迹插入段 (LTI)、月球轨道插入段 (LOI)、制动月面登陆段和登陆考察段和返回地球段。每种轨道段对 C&T 要求都各不相同，需分别对待，采用不同措施。

讨论与分享

你认为月球探测器的通信技术还有哪些进步的空间？

第六节 评估与总结

评估测试题

1. 请你概述月球探测器的推进系统。

____

____

____

2. 请你查一查“嫦娥”系列使用的测控及通信技术。

____

____

____

3. 请你思考月球探测器各系统的功用。

____

____

____

本章总结

本章我们学习了月球探测器热控系统、月球探测器制导、导航和控制（GNC）系统、月球探测器推进系统、月球探测器电源系统、月球探测器跟踪通信系统。以下几个重点，一起来回顾吧！

◆ 在 20 世纪，美国和苏联在月球探测领域开展了大规模探测。共成功发射了 49 个无人月球探测器和 6 艘载人登月飞船，先后有 12 名航天员登上了月球。

◆ 航天器热控制技术可以简单定义为控制航天器内外的热交换过程，使其热平衡温度处于规定的范围内的技术。

◆ 通信技术主要是用来传输高速数据率信息，不论无人月球探测器的遥感有效载荷数据或载人月球探测器需另外增加的话音通信、活动图像监视信息，都为高速数据率。

第十五章
月球车的设计制作

月球车是指能够在月球表面行驶并完成月球探测、考察、收集和分析样品等复杂任务的专用车辆，在实验室里的学名是“月面巡视探测器”。

月球车分为无人驾驶和有人驾驶两种。世界上第一台月球车于1970年由苏联发射送上月球。中国于2013年在月球上释放首辆月球车——玉兔号。

本章我们将了解月球车车体结构和组装、月球车电子控制系统、月球车运动系统、月球车机械臂、月球车电源系统。

第一节 月球车车体结构和组装

问题引入

我国“玉兔号”月球车车体结构有哪些特殊的地方呢？

小组活动

活动主题：

月球车车体结构拼装。

活动建议：

查找资料了解“玉兔号”月球车的结构，并将手中的“玉兔号”月球车的零部件进行分类，选出车体拼装所要使用的零部件。

活动 1：前端摇臂拼装

活动材料准备：1020 铝型材，2020 铝型材，135° 角件，555 直流电机，555 直流电机支架，螺丝（M4）、螺母，T 型螺丝（M5X20T），法兰螺母。

活动工具准备：十字螺丝刀、套筒。

活动步骤：

步骤①：取出 135 度角件和 1020 铝型材（120），用 M5×20T 型螺丝卡在 1020 铝型材 (120）上，穿过 135° 角件，用 M5 法兰螺母固定，如图 15–1（a）（b）所示；然后用 M4 螺丝将角件与铝型材连接在一起；最后用螺丝将角件和 1020 铝型材（160）连接在一起，如图 15–1（c）（d）所示。

（a）

（b）

（c）

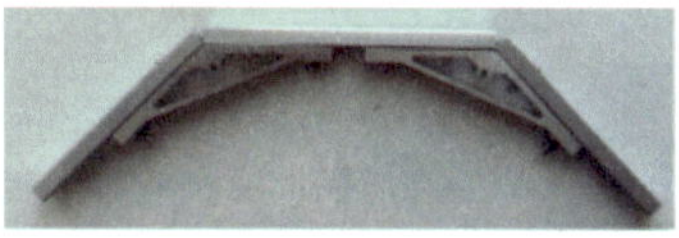
（d）

图 15 - 1 拼装角件与铝型材

步骤②：安装驱动电机。取出 555 直流电机和直流电机支架，首先在电机支架 4 孔的一端，先插入两个 M4 螺丝，方便后面操作，然后用螺丝将电机和电机支架连接在一起，最后用螺丝将电机支架固定在铝型材上。

注意：使电机凸出来的一端保持在同一平面内。

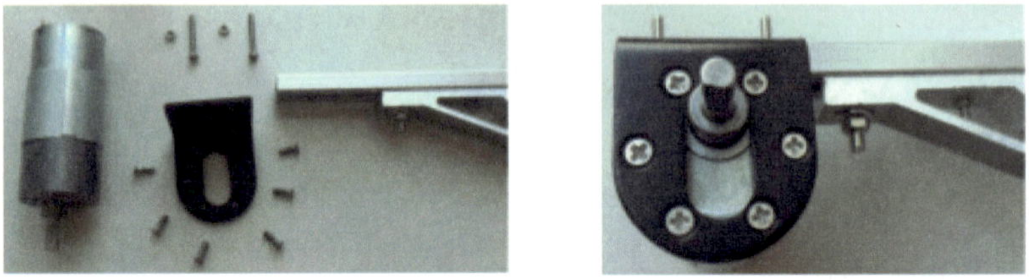

（a）　　（b）

图 15-2 安装驱动电机

步骤③：同样的方法拼装另外一边前端摇臂。

（a）　　（b）

图 15-3 一边前端摇臂不同视角

步骤④：摇臂前端横梁拼装。取出 1020 铝型材（200）和直接，用 M5×20T 型螺丝卡在铝型材上，直接穿过；用法兰螺母固定，同样的方法处理铝型材另外一端。

步骤⑤：固定活动角件。将 M5 螺丝穿过活动角件，再穿过铝型材（160），最后穿过直接，用法兰螺母固定。

步骤⑥：同样的方法处理铝型材（200）另外一端，到此为止就形成了一个完整的前端摇臂。

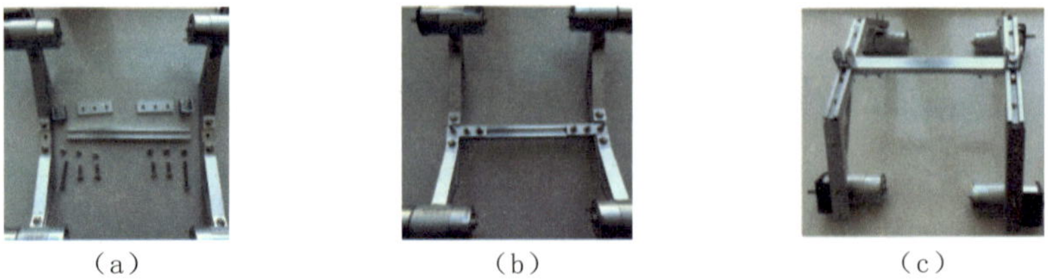

（a）　　（b）　　（c）

图 15-4 前端摇臂

活动 2：车身结构拼装 1

活动材料准备：1020 铝型材、2020 铝型材、135° 角件、45° 角件、自由角件、T 型连接件、螺丝、T 型螺丝、法兰螺母、555 直流电机、555 电机支架、车轮、联轴器。

活动工具准备：十字螺丝刀、套筒、六角扳手。

活动步骤：

步骤①：角件拼装。取出 135° 角件和 45° 角件，用螺丝按图 15-5 所示使其连接在一起。并用同样的方法拼装另一边。

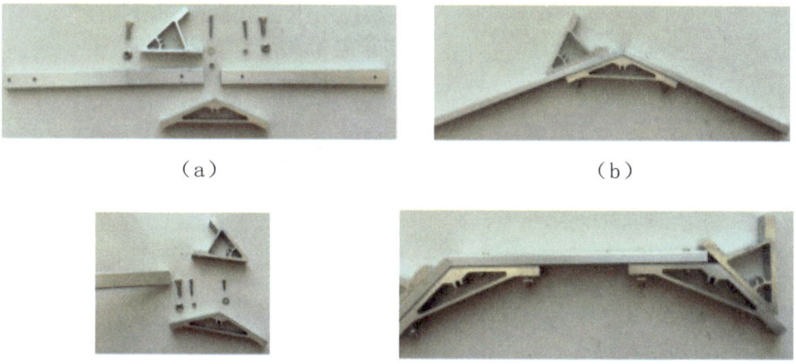

（a）（b）（c）（d）

图 15-5 角件拼装

步骤②：用 1020 铝材、T 型连接、螺丝、螺母如图 15-6 连接角件。

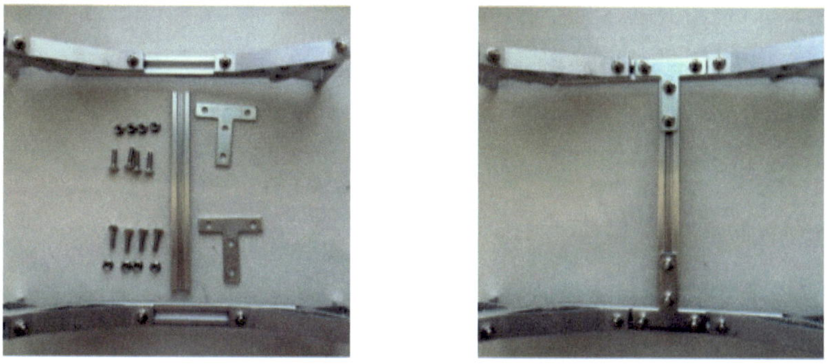

（a）（b）

图 15-6 连接角件

步骤③：用 1020 铝材、T 型连接、螺丝、螺母如图连接，形成“工”字连接。

同样的方法拼装另外一个“工”字连接。

步骤④：取出 555 直流电机和直流电机支架，按前一个活动中的步骤②连接直流电机。

步骤⑤：用 T 型螺丝把“工”字连接和后端的 45° 角件连接在一起。

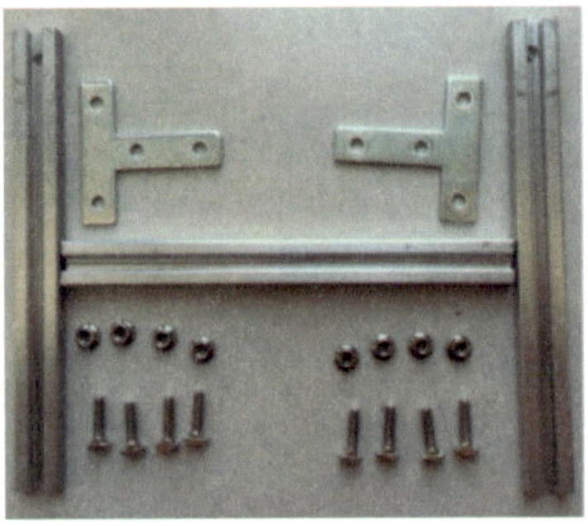

（a）

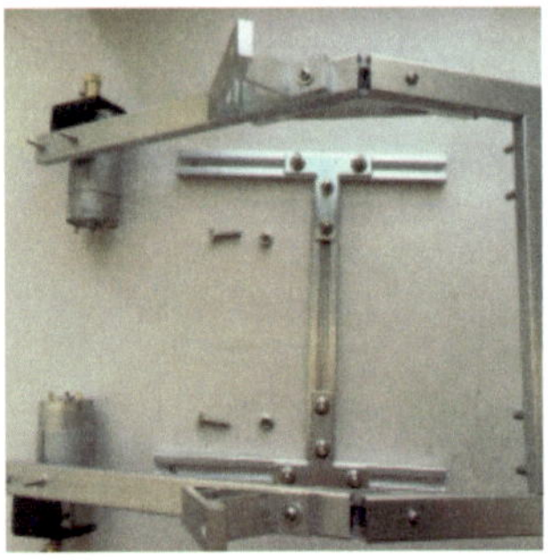

（b）

图 15-7“工”字连接和后端连接

步骤⑥：用 T 型螺丝把“工”字连接和前端的 45° 角件连接在一起。

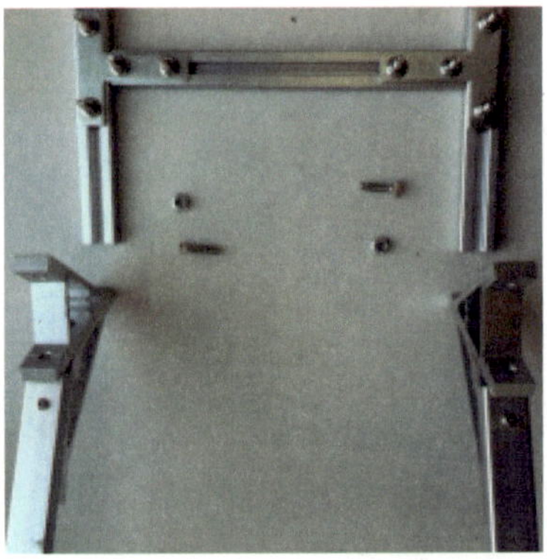

图 15-8“工”字连接和前端连接

步骤⑦：前端摇臂与车体连接。用螺丝将前端摇臂与车体相连接。

注意：前端摇臂活动角件上设有沉孔，故螺丝从内向外拧出。

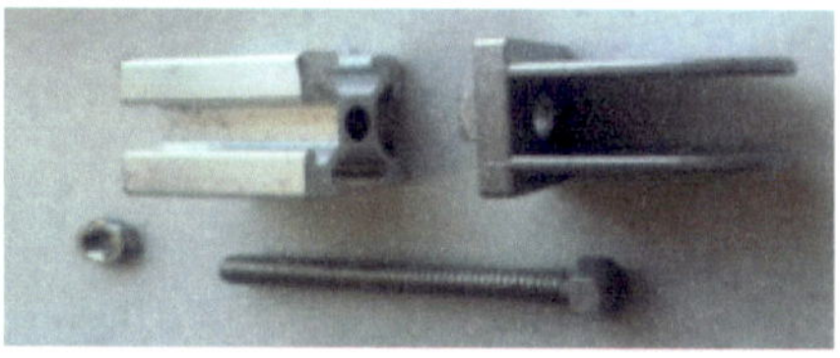

（a）

（b）

（c）

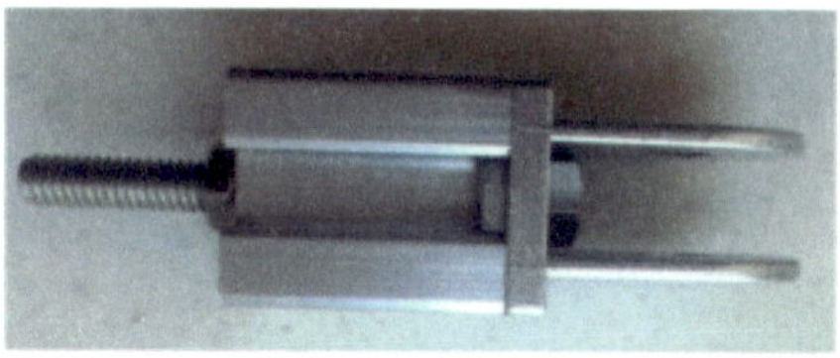

（d）

图 15-9 前端摇臂与车体连接

步骤⑧：固定电路隔板。将电路隔板用螺丝固定在车体结构上。

步骤⑨：用 1020 铝材、T 螺丝、螺丝、直接、连接等如图 15-10 所示连接，并用同样的方法拼装另一边。

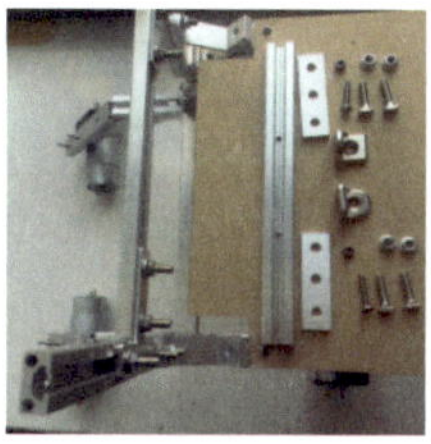

（a）

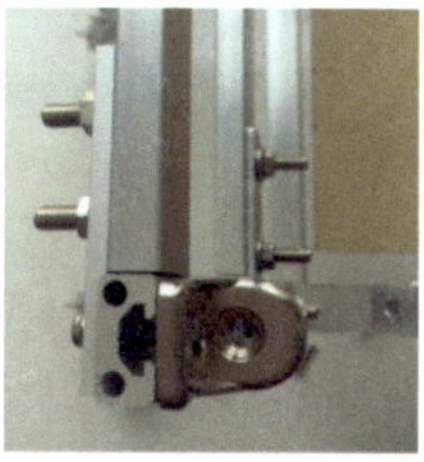

（b）

图 15-10 连接 1020 铝材、T 螺丝、螺丝等

步骤⑩：用 1020 铝材、T 型、T 螺丝、法兰螺母连接成“工”型连接件，并用 T 型螺丝固定在车架上。

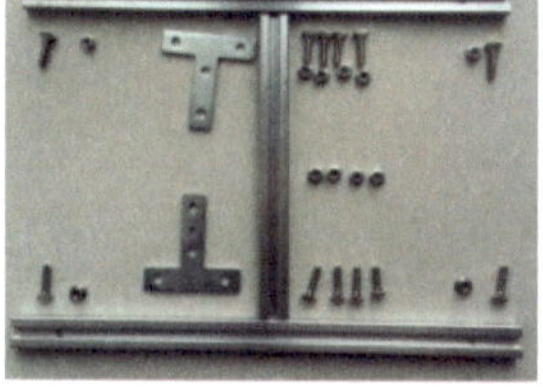

（a）

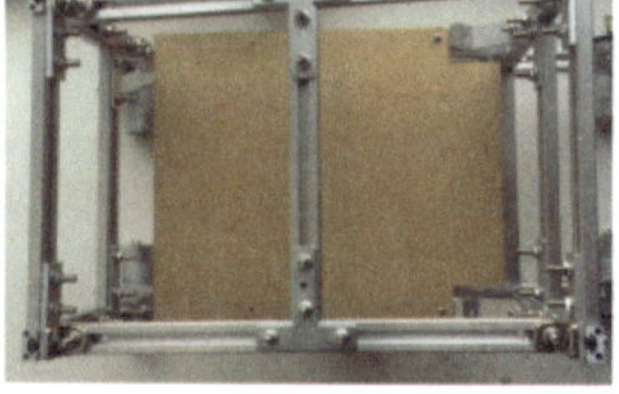

（b）

图 15-11 “工”型连接件与车架连接

活动 3：车身结构拼装 2

活动材料准备：1020 铝型材、2020 铝型材、135° 角件、45° 角件、自由角件、T 型连接件、螺丝、T 型螺丝、法兰螺母、555 直流电机、555 电机支架、车轮、联轴器。

活动工具准备：十字螺丝刀、套筒、六角扳手。

活动步骤：

步骤①：将自由角件用螺丝固定在横梁上，见图 15-12，四角都如此操作。

（a）

（b）

图 15-12 固定自由角件

步骤②：车轮安装。将顶丝用六角扳手旋进联轴器一部分，将联轴器安装在电机上，拧紧顶丝，使其安装牢固。

步骤③：车轮安装。将联轴器卡进车轮的六角孔位，用螺丝拧紧。另外 5 个车轮做相同处理。

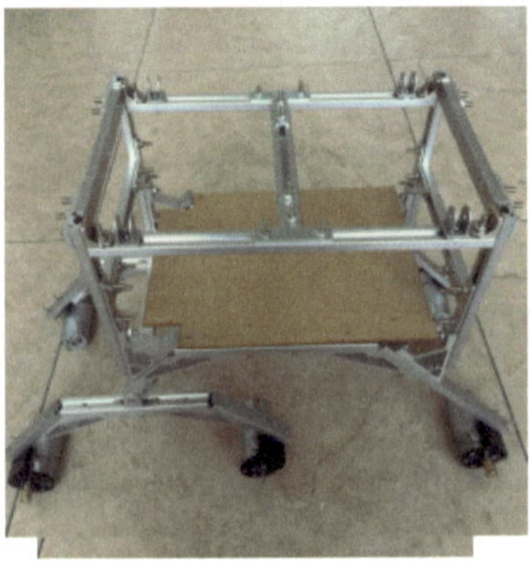

图 15-13 车轮安装

文献链接

一、“玉兔号”月球车结构和系统的组成

“玉兔号”月球车和着陆器组成了“嫦娥三号”探测器。提到月球车的结构和系统组成，我们需要普及一下结构和系统的定义。

结构是指物体的各组成部分之间的搭配和排列，确定的搭配和排列决定了物体的性质和形态。结构的各个组成部分称之为构件。

如图 15-14 所示，所有的人按照一定的顺序排成一队，那么这个队伍就可以称为一个系统。定义系统为泛指一定范围内或同类的事物按照一定的秩序和内部联系组成的一个整体。

图 15-14 系统模拟

（一）“玉兔号”月球车的结构组成

“玉兔号”的移动分系统中有轮子和马达，那么轮子和马达就是我们所说的构件，轮子和马达按照一定的顺序搭配和组合就形成了移动分系统中的结构。图 15-15 详细地展示了“玉兔号”的结构组成。

（二）“玉兔号”月球车的系统组成

1. 移动分系统

“玉兔号”的移动分系统，采用 6 轮主副摇臂悬架的移动构形，由车轮、摇臂和差动机构等组成，那么车轮、摇臂和差动机构之间就相互联系和共同配合，因此可 6 轮独立驱动，4 轮独立转向，相当于一台智能机器人。在月面巡视时它采取自主导航和地面遥控的组合模式，具有自主测距、测速、前进、后退、转弯、避障、越障、爬坡、横向侧摆、原地转向、行进间转向、感知环境、规划路径、月面长时间生存的本领。

“玉兔号”的高性能体现在越障能力和通过性，而不是追求高速度，而且它始终不会离开着陆器的“视野”。玉兔号的结构与机构分系统由结构和太阳电池翼机械部分、桅杆和机械臂构成，它们之间相互协调从而为各种仪器、设备、有效载荷提供工作平台。

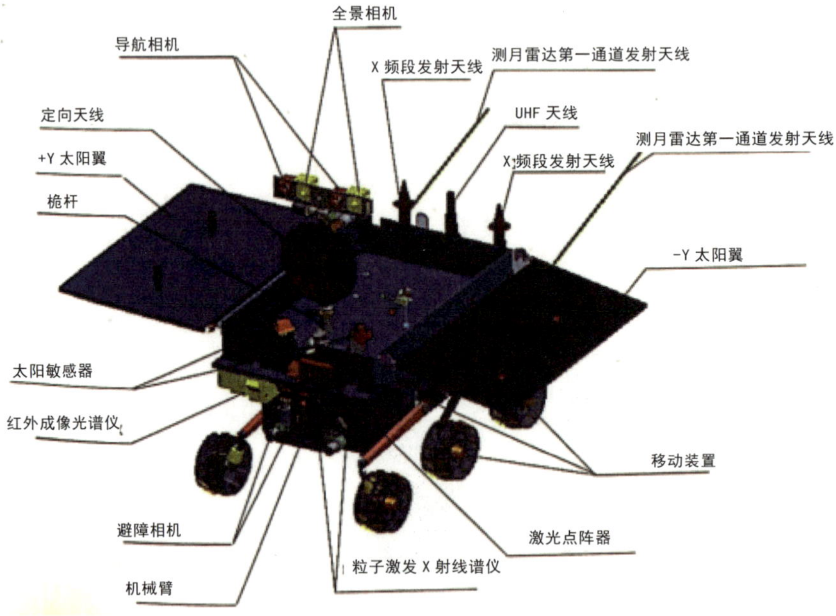

图 15-15 “玉兔号”月球车

2. 导航与控制分系统

“玉兔号”的导航与控制分系统携带有相机及大量传感器，各个传感器的互相配合使玉兔号具备独立处理各种环境的能力，在感知周围环境、自身姿态、位置等信息后，可以通过地面或车内装置，确定速度、规划路径、紧急避障、控制运动与监测安全，保证到达目的地。

3. 综合电子分系统

“玉兔号”的综合电子分系统将中心计算机、驱动模块、处理模块等集中一体化，采用实时操作系统，实现遥测遥控、数据管理、导航控制、移动与机构的驱动控制等功能。

4. 电源分系统

“玉兔号”的电源分系统由 2 个太阳电池翼、1 组锂离子电池组、休眠唤醒模块、电源控制器组成，利用太阳能为月球车上仪器和设备提供电源，可保证“玉兔号”白天连续工作相当于地球的 14 天。

5. 热控分系统

“玉兔号”的热控分系统由导热流体回路、隔热组件、散热面设计、电加热器、同位素热源等组成，可使月球车的舱内温度始终控制在 -20 ～ +55 摄氏度。

（三）“玉兔号”月球车的有效载荷

“玉兔号”月球车携带了全景相机、测月雷达、红外成像光谱仪、粒子激发 X 射线谱仪以及月球车电控箱进行巡视探测。

1. 全景相机

月球车主要构件——全景相机。“玉兔号”装有 2 台全景相机，它们安装在“玉兔号”桅杆的云台上，通过云台的旋转和俯仰实现对巡视区和着陆区的全景成像。每台相机由光学镜头、电子学、机箱的组成，波段范围为可见光，成像方式为彩色成像与全色成像交替切换，正常成像距离为等于或大于 3 米，用于着陆区与巡视区月表光学成像，巡视区月表地形地貌研究、巡视区撞击坑调查与研究、巡视区月球地质构造解析和综合研究。

图 15-16 全景相机

图 15-17 红外成像光谱仪

2. 测月雷达

将超宽带测月雷达安装在“玉兔号”月球车底部，用于在巡视路线上直接探测 30 米内月壤结构和测量月面以下 100 ～ 200 米深处的浅层月壳结构，是世界上的首次应用。超宽带测月雷达有 2 个探测通道，1 个用于探测 30 米深的月球土壤层结构是否分好几层，怎么分，有没有大石头；另 1 个探测 100 ～ 200 米深月球上部的结构。它随月球车一边走一边测，这相当于一边走一边把地下切开一刀看看里面，看看这个月球土壤有哪几层，土壤里有没有大石块或是其他什么结构。

3. 红外成像光谱仪

红外成像光谱仪包括可见近红外和短波红外 2 个谱段，能获取可见近红外到短波红外的高分辨率反射光谱及图像，用于巡视区月表红外光谱分析和成像探测任务，完成巡视区月表矿物组成和分布分析，巡视区能源和矿产资源的综合研究。用红外谱段可以非常精细地观测光谱，判断不同的物质。在月球车行进过程中，这台光谱仪能沿着行走方向成像，并探测月球表面物质的成分。

4. 粒子激发 X 射线谱仪

粒子激发 X 射线谱仪安装在机械臂末端，通过机械臂投放到探测的目标附近，用于巡视区月表物质主量元素含量的现场分析，识别、鉴定岩石全岩成分、月壤全岩成分和矿物成分、能源和矿产资源的综合研究。它主要是通过 X 射线来分析月球矿物质化学成分，当需要探测时候，就主动发出射线。简而言之，全景相机、红外光谱仪和粒子激发 X 射线谱仪等能精细地探测月球表面的化学元素，测月雷达能对月球次表层进行探测。

5. 太阳敏感器

太阳敏感器是通过敏感太阳矢量的方位来确定太阳矢量在星体坐标中的方位，从而获取月球车相对于太阳方位信息的光学姿态敏感器。太阳敏感器适用于对月球车的轨道控制和姿态控制，保护灵敏度很高的仪器，如星敏感器、地球敏感器正常工作；提供星上姿态控制基准信号，以及用于对月球车太阳帆板定位。

（四）玉兔号有效载荷工作时机

全景相机工作时机。着陆器着陆后，着陆器和“玉兔号”分离前，全景相机对着着陆区进行 360° 全景成像；着陆器和“玉兔号”分离后，“玉兔号”先安全到达月面，然后围着着陆器巡视一周，全景相机在不同点开机工作，对着陆器成像；“玉兔号”到达预定着陆点，全景相机开机工作。

测月雷达在“玉兔号”移动过程中开机工作，对月壤和月球浅层结构进行探测；“玉兔号”停止工作时，测月雷达关机。

“玉兔号”到达指定科学探测点后，全景相机、红外成像光谱仪和粒子激发 X 射线谱仪依次开机工作，完成科学探测任务。

“玉兔号”有效载荷分时工作。

讨论与分享

你设计的结构存在哪些问题？如何改进？

第二节 月球车电子控制系统

问题引入

月球车需要配备哪些设备才能完成你设计的探测任务？

小组活动

活动主题：

组装月球车电子控制系统。

活动步骤：

步骤①：在月球车底盘上使用铜柱和螺丝安装月球车主控板。将铜柱穿过主控板，用螺母固定。注意：为方便安装电子元器件，图示标红区域只插铜柱，不需要螺母固定。用螺丝将主控板固定在月球车底盘亚克力板上。

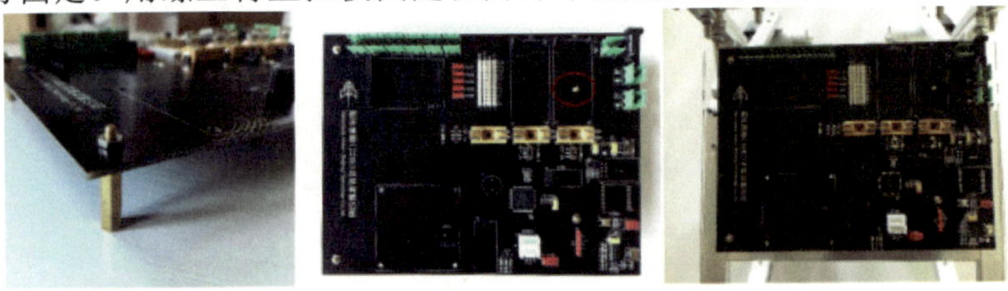

图 15-18 安装月球车主控板

步骤②：在主控板上安装系统模块，其中包括 Wi-Fi 通信板、电机驱动板、电源稳压板、温度检测板。如图所示。

(a) Wi - Fi 通信传感器

（b）电机驱动传感器

（c）电源稳压传感器

（d）超声测距传感器

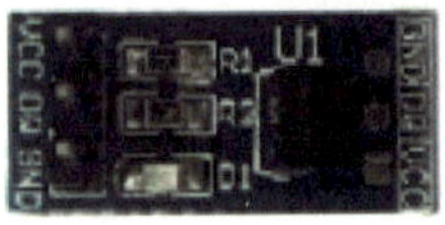

（e）温度传感器

图 15-19 主控板上安装的系统模块

步骤③：将以上传感器按照相对的位置安装在主控板上，注意位置和方向不要安装反，并将保险管安装上。如图 15-20 所示。

图 15-20 系统模块安装参考

步骤④：将主控板上的电机连接线分别连接到 6 个电机上，红线接在离着电机小灯近的一端，黑线接在另外一端。并按顺序连接在主控板上，正负极不要安装反。注意：同一侧的三个轮子的线相邻。

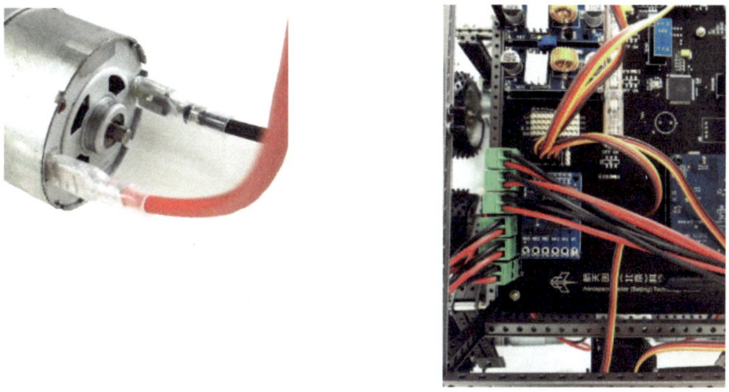

图 15-21 主控板与电机连接

步骤⑤：将超声波传感器利用螺丝和 T 型连接件固定在月球车的前端，并检查月球车各个系统的组装情况，保证月球车各个器件连接正确。

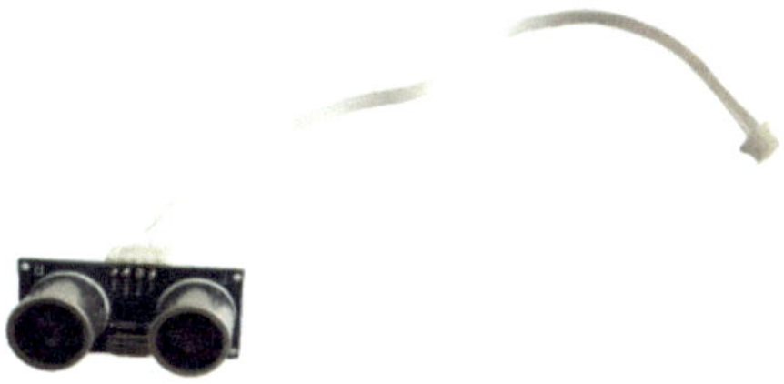

图 15-22 超声波传感器

步骤⑥：将摄像头用胶枪固定在月球车车体前端。

步骤⑦：将天线固定在月球车前端。月球车天线选用辐射范围更广的天线，将天线连接线拧旋进 Wi-Fi 板的天线连接处。

图 15-23 月球车

步骤⑧：按照下图将所有连接线接好。

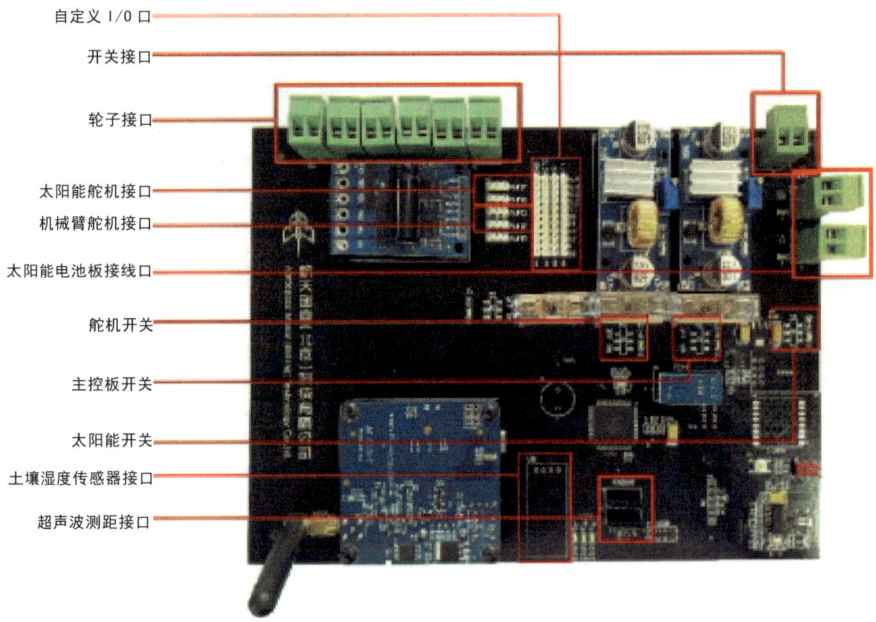

图 15-24 连线参照

拓展活动

活动主题：

月球探测器升级（选做）

探月工程中月球车现在已经被广泛应用，我们今天所组装的月球车具有越障和行进的基础功能，所应用的传感器也是具有基础功能的传感器。为完成你所设计的月球车探测任务，可自行选择相应的设备安装在月球车上。

活动步骤：

步骤①：小组讨论，为满足月球车探测任务要求，除已提供的基础设备外，你的月球车还需要哪些设备？简述其功能和基本原理。

步骤②：选购设备，并参照图 15-24 将设备安装在月球探测器主板的自定义 I/O 口。

步骤③：编写程序，实现设备相对应的功能。

步骤④：设计改善根据月球车测试的结果，再次讨论如何改善。

步骤⑤：实验总结，小组内总结本次实验设计构思、验证和改善情况。

文献链接

一、月球车电子控制系统

月球车电子控制系统是整个月球车系统的核心之一，负责对月球车进行全面指挥与控制，必须保证与其他系统之间的不间断通信，从而保证月球车的正常工作。

二、人工智能

月球车属于智能机器人，具备独立处理各种环境的能力。由于距离太远，无法通过遥控的方法处理反馈信息，月球车需要配置若干个传感器，在获取周围环境、自身姿态、位置等信息后，通过地面或车内装置，形成三维地形图，进而编辑方向，勾画出到达目标点的路径，并导航控制月球车走到目的地。

三、电子控制系统组成

月球车的整个电子控制系统是由多个传感器组成。

（一）传感器的类型

目前传感器有许多分类方法，常用的分类方法有两种，一种是按被测物理量来分，另一种是按传感器的工作原理来分。

按被测物理量划分的传感器，常见的有：温度传感器、湿度传感器、压力传感器、位移传感器、流量传感器、液位传感器、力传感器、加速度传感器、转矩传感器等。按工作原理可划分为：电学式传感器、磁学式传感器、光电式传感器、电势型传感器、电荷传感器、半导体传感器、谐振式传感器、电化学式传感器等。

按传感器对信号的检测转换过程，传感器可划分为直接转换型传感器和间接转换型传感器两大类。

（二）电子控制系统模块

我们所组装的月球车的电子控制系统包括以下几个模块：主控板、Wi–Fi 通信板、电机驱动板、电源稳压板、温度检测板和超声波传感器。下面简单介绍一下各个模块的功能。

1. 土壤湿度测试板

又叫土壤含水量传感器，用来测量土壤相对含水量。

2. Wi - Fi 通信板

该板是模拟真实的月球车上的天线通信系统，可以准确地传达通信的相关信息。

3. 电机驱动板

顾名思义就是保证电机正常运转的板子。

4. 电源稳压板

该板的存在确保月球车电源的稳定，保证月球车正常的续航。

5. 温度检测板

很明显该板就是检测月球车所处环境的实时温度。

6. 超声波传感器

该传感器是利用超声波的特性研制而成的传感器。它具有频率高、波长短、绕射现象小，特别是方向性小，能够成为射线而定向传播等特点。超声波传感器对透明或有色物体，金属或非金属物体，固体、液体、粉状物质均能检测，因此超声波传感器的存在可以帮助月球车避障和越障。

7. 主控板

主控板就是可以进行各个模块的扩展和应用的主板。

四、电子控制系统运行所面临的挑战及对策

我们都知道一般的电子元器件的工作环境的温度是 –5 摄氏度到 45 摄氏度，月球车工作在特殊的空间环境，那么它要面临的挑战是我们无法想象的，所以，月球车的电子控制系统需要做特殊处理。

月球车设计制作时应了解地月和月面空间辐射的类型、能量和强度。对月球车上使用的电子部件，特别是对辐射尤为敏感的高集成度微电子器件，应采取相应的抗辐射加固措施。

月球表面白昼时温度高达 150 摄氏度，黑夜时低至 –180 摄氏度，温差超过 300 摄氏度，尤其是月面上的昼、夜分别长达约 350 小时。这种严酷条件是过去环地运行航天器所未曾遇到过的，如何保证月球车在长时间极端温度条件下正常工作，是月球车也是月球探测工程需要解决的关键技术。

讨论与分享

看一看别的小组安装的控制系统，找一找有没有问题。

第三节 月球车运动系统

问题引入

月球车在复杂的月球环境中是怎样实现正常运动的？

小组活动

活动主题：

月球车车轮数目试验。

活动材料准备：

月球车车轮、联轴器、螺丝、顶丝。

活动工具准备：

十字螺丝刀、六角扳手。

活动步骤：

小组讨论：为满足月球车任务要求，你的月球车车轮将要怎样设计？记录整理，并设计方案草图。

提示：可以从月球车车轮数目方面设计。

注意：思考月球车车轮设计对月球车质量、体积、稳定度、耗电量、灵活性等的影响。

设计依据：月球车这样设计，你的设计依据是什么？按照方案，进行实践测试，记录实验数据，对照设计检验合理性。

设计改善：根据测试的结果，再次讨论如何改善。

活动总结：

小组内总结本次实验设计构思、验证和改善情况。

拓展活动

我们探索了月球车车轮数量和材料对月球车高通过能力的影响，下面我们来编写程序实现月球车运动。

第十五章 月球车的设计与制作

活动材料准备：

电脑、USB 数据线。

活动步骤：

步骤①：程序编写。编写程序实现月球车运动。

步骤②：程序编译。对编写的程序进行编译、检错。

步骤③：程序烧录。用数据线连接电脑与月球车主控板，将编译完成的程序烧录进主板。

步骤④：月球车运动检测。检测月球车运动情况。

步骤⑤：实验总结。小组内总结本次程序构思、编译和改善情况。

示例程序：

```
// 电机数量（2 组，左边，右边）
#define MOTOR_NUM          2
// 控制旋转方向的管脚
#define PIN_DIRA          45
#define PIN_DIRB          47
// 控制转与不转的管脚（2 组共用）
#define PIN_SLP           49
// 控制旋转速度的管脚
#define PIN_MOTOR1        46
#define PIN_MOTOR2        48
// 注：由于电路设计问题，数字 48 号管脚不支持 PWM 输出，故 48 号管
// 脚控制的电机不能用函数 analogWrite 调速，示例最大速度运转。

// 电机初始化
void motor_init() {
  // 把管脚设为输出状态
  pinMode(PIN_DIRA, OUTPUT);
```

```
  pinMode(PIN_DIRB, OUTPUT);
  pinMode(PIN_SLP, OUTPUT);
}

// 方向调节
// 方向索引 index:1- 前进 ;2- 后退 ;3- 左转 ;4- 右转 ; 其他 - 停
void direct_adjust(uint8_t index, uint8_t motor_speed) {
  if (0x01 == index) { // 前进
    // 两边电机都往前
    motor_move(1, motor_speed, HIGH);
    motor_move(2, motor_speed, LOW);
  } else if (0x02 == index) { // 后退
    // 两边电机都往后
    motor_move(1, motor_speed, LOW);
    motor_move(2, motor_speed, HIGH);
  } else if (0x03 == index) { // 左转
    // 左边向后，右边向前
    motor_move(1, motor_speed, LOW);
    motor_move(2, motor_speed, LOW);
  } else if (0x04 == index) { // 右转
    // 左边向前，右边向后
    motor_move(1, motor_speed, HIGH);
    motor_move(2, motor_speed, HIGH);
  } else { // 停，电机自由停止
    motor_move(1, 0, HIGH);
    motor_move(2, 0, HIGH);
  }
}
```

```
// 注：由于电机安装后朝向相反，两边电机的方向控制电平并不相同

// 两组电机的速度和方向控制管脚
const uint8_t pin_motor[MOTOR_NUM] = {PIN_MOTOR1,PIN_MOTOR2};
const uint8_t pin_dir[MOTOR_NUM] = {PIN_DIRA,PIN_DIRB};

// 电机转动控制
void motor_move(uint8_t index, uint8_t speeds, uint8_t direct) {
  if (speeds != 0) { // 如果速度不为零，就需要控制转动
    analogWrite(pin_motor[index-1], speeds); // 控制速度
    digitalWrite(pin_dir[index-1], direct); // 控制方向
    digitalWrite(PIN_SLP, HIGH); // 电机开始运转
  } else {
    digitalWrite(PIN_SLP, LOW); // 电机自由停止
  }
}

// 函数 setup() 只执行一次
void setup() {
  // 电机初始化
  motor_init();
  direct_adjust(1, 0xFF); // 前进 1 秒
  delay(1000);
  direct_adjust(5, 0); // 停 1 秒
  delay(1000);
  direct_adjust(2, 0xFF); // 后退 1 秒
  delay(1000);
```

```
    direct_adjust(5, 0); // 停 1 秒
    delay(1000);
    direct_adjust(3, 0xFF); // 左转 1 秒
    delay(1000);
    direct_adjust(5, 0); // 停 1 秒
    delay(1000);
    direct_adjust(4, 0xFF); // 右转 1 秒
    delay(1000);
    direct_adjust(5, 0); // 停 1 秒
}

// 函数 loop() 循环执行
void loop() {
}
```

文献链接

一、月球车基本的运动方式

在已知的运动方式中，有几种基本的运动方法可供月球车选择，包括轮式、履带式、足轮结合式，每种运动方式都各具特色。

（一）轮式运动

轮式运动是许多月球任务中优先考虑的技术途径。轮式运动具备较高的机械效率和固有的高可靠性，而且设计简单，可以设计成非常简捷轻量的结构形式。在平整、坚固的表面上，轮式运动相比其他方式在效率和速度上的优势非常明显。

轮式运动可以确保在启动和制动时能够产生牵引力和制动力；能够断开部分驱动轮，从而使月球车由驱动装置进入效率最佳的工作状态；可确保月球车在跨越凸起障碍物时所需的动力负载很小，能够预先避免不必要的滑转，从而能够跨越大的凸起障碍物；采取轮式运动的月球车结构比较简单，由于有不受保护的摩擦工作面而具有很长的工作寿命。

（二）履带式运动

履带式运动在土壤表面滑移量很小，能在各种地形中产生较大的牵引力。履带式运动相比轮式运动的一大优势是它非常适合用在有低速、大牵引力需求的运输任务中。在低承压强度的土壤中长距离行驶时，履带移动方式可以取得最低的能量消耗。轮式运动由于车轮与地表的接触面积有限，在运转时容易打滑，能量没有最大限度地消耗在前进运动上。这一结论与地球上的情况一致，在地球上，履带式车辆经常被用在地表易下陷的环境中。然而，轮式运动系统很简洁，只需要很少的运动部件就能实现，履带式运动系统质量较大、构成复杂、可靠性相对较低。履带与土壤的接触很充分，这使得履带式运动系统能够很好地“浮”在地表，并输出较大的牵引力，同时履带也承受了较大的运动阻力。较大的运动阻力给系统带来了相对高的能量损耗，因而这种系统对能量的需求也很高。另外，履带运动系统的复杂性也使机械系统很容易被月尘微粒阻塞、耐磨性较差、故障率相对较高。

（三）足轮结合式

足轮结合式运动系统不仅有腿足，还装备有车轮。在平坦的地表上，车辆的腿足收拢，或者保持一个固定的相对位置，释放悬架，利用车轮快速行进。当遇到崎岖的地形时，腿足结构伸展，锁紧车轮及悬架，使用类似昆虫的行走方式通过。这种腿足、车轮结合的运动方式，融合了两者的优势。它对地形地貌特征的土壤性质的变化并不敏感，假如在使用车轮快速行进的过程中，车轮陷入了极其松软的地面，可以转换行走方式轻松地摆脱困境并继续行进。这种类型月球车或星球车的代表是全地形六足陆地探测器（ATHLETE）和它的二代版本——三体全地形六足陆地探测器（Tri-ATHLETE）。六足月球车的“足”不仅可以作为行进机构，还可作为机械臂使用。六足中的三足已足够支撑整个月球车，达到目的地或在沿途开展科学探测活动时，可以根据任务需要在足上装备各种工具。当然，在获得了更高级功能的同时，运动系统的机械、电气控制复杂性也提高了很多。

二、车轮的选择

轮式运动系统的机械效率较高，在质量和可靠性方面有明显的优势。轮式运动在全地形应用方面存在一个主要的缺点，就是车轮与地面的接触面积相对其他运动方式要小得多，但是在月球的低重力环境下这一缺点不再是个大问题。

车轮的形式多种多样，在车轮形式、尺寸、组成数量和配置上可以灵活地设计和组合。然而，选择车轮和设计车辆系统的过程很复杂。某一种触底面积可以很容易地计算出来，在满足触地面积要求的条件下，车轮尺寸、几何形状、轮数等的组合可以无限多种。多个小尺寸车轮组成的系统有更高的可靠性；车轮尺寸较大的系统，车轮数量可以减少，在机械组成上更为简单，质量也更轻；又高又窄的车轮阻力较小，但却很难折叠。从车轮数量上来看，六轮方案是一种在操纵性、爬坡能力和简易性等方面综合设计性能较好的设计。

图 15-25 车轮设计

月球上地形复杂、温差大，在土壤松软、呈弱黏性及重力比地球小的情况下，月球车必须保证有足够的黏合牵引力，这也就决定了月球车车轮的材料选择。普通汽车的橡胶轮胎车轮显然不适合这些条件，这种车轮的黏合力几乎只由轮胎材料与路面的摩擦系数决定。它们抗周期性变化的高温、低温作用能力不够稳定（特别是在岩石路面运动时），使用时要求定期维护，且质量较大。

欧美国家通过对新技术的探索，创造了一系列金属轮构件，其行进装置由编织的丝网或相应形状的薄片形成。另外，通过对比，线网轮和金属弹性轮也值得关注。它们有较大的承载能力、自带的被动悬架功能、优异的耐磨性和较高的通过能力。线网轮行驶扬起的月尘较少，然而，线网轮输出的牵引力较小。月球漫步者上使用的是线网轮，正常行驶速度大约为 10 千米 / 小时。

第四节 月球车机械臂

问题引入

你认为月球车上的机械臂是如何工作的呢？

小组活动

活动主题：

月球车机械臂设计与安装。

活动材料准备：

机械臂套件、T 型连接件、螺丝。

活动工具准备：

十字螺丝刀。

活动步骤：

步骤①：小组讨论，为满足月球车任务要求，你的机械臂将要怎样设计？记录整理，并设计方案草图。

提示：可从机械臂自由度选择方面设计。

注意：思考机械臂设计对月球车质量、体积、稳定度、耗电量、灵活性等的影响。

步骤②：机械臂制作。

按照方案，制作机械臂，对照设计检验合理性。

步骤③：设计改善。

根据制作的结果，再次讨论如何改善。

步骤④：实验总结。

小组内总结本次实验设计构思、验证和改善情况。

4 个自由度机械臂制作样例如下，仅供参考。

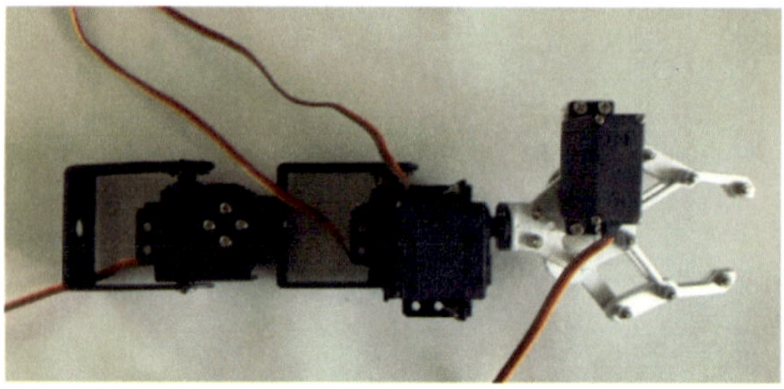

图 15-26 机械臂

活动内容：

简易机械手臂安装

活动材料准备：

L 型支架、多功能支架、U 型支架、舵机。

活动工具准备：

十字螺丝刀、尖嘴钳。

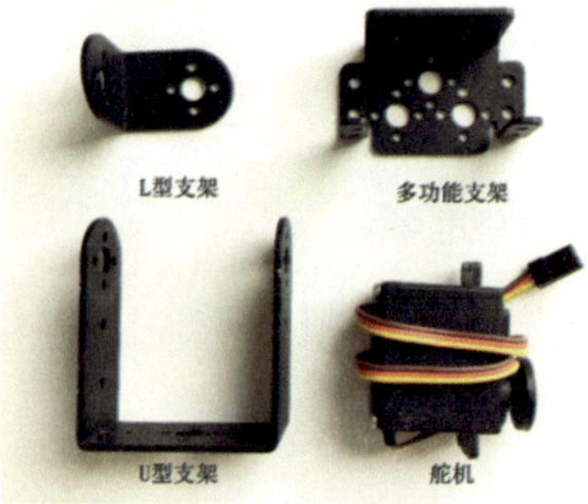

图 15-27 活动材料参照

活动步骤：

步骤①：拿出一个舵机舵盘，将舵盘卡在舵机上面。将螺丝旋进舵机固定舵盘。

（a）　　　　（b）

图 15-28 舵机舵盘安装

步骤②：用螺丝将 U 型支架、多功能支架和 L 型支架按图 15-29 所示方式连接。

（a）　　　　（b）　　　　（c）

图 15-29 多功能支架连接参照

步骤③：将舵机卡进多功能支架，见图 15-30。

图 15-30 连接舵机与多功能支架

步骤④：用螺丝固定支架连接处，如图 15-31 所示。

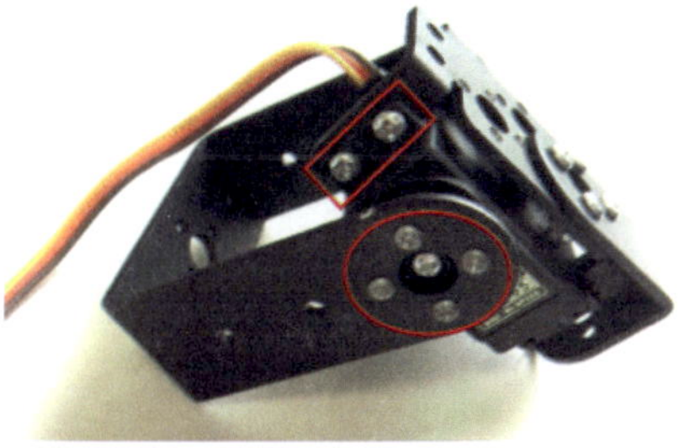

图 15-31 螺丝固定参照

拓展活动

我们设计安装了机械臂，但是还需要软件的支持机械臂才能动起来。下面我们来编写程序实现机械臂运动。

活动主题：

编写程序实现机械臂运动

活动材料准备：

电脑、USB 数据线。

活动步骤：

步骤①：程序编写。编写程序实现机械臂运动。

步骤②：程序编译。对编写的程序进行编译，检错。

步骤③：程序烧录。用数据线连接电脑与月球车主控板，将编译完成的程序烧录进主板。

步骤④：机械臂运动检测。检测机械臂运动情况。

步骤⑤：实验总结。小组内总结本次程序构思、编译和改善情况。

示例程序：

```
// 包含 Arduino 内置的头文件
#include <Servo.h>
// 定义舵机数量
#define SERVO_NUM         4
// 定义默认角度（角度范围）
#define SERVO_RAWLOC      135
// 舵机的位置
// 手腕
#define PIN_SERVO1        5
// 肩膀
#define PIN_SERVO2        2
// 胳膊肘
#define PIN_SERVO3        3
// 手指
#define PIN_SERVO4        6

// 定义舵机对象
Servo myservo[SERVO_NUM];
// 定义每个舵机当前角度
uint8_t angle_now[SERVO_NUM] = {0};
// 每个舵机控制管脚
const uint8_t pin_servo[SERVO_NUM] = {PIN_SERVO1,PIN_SERVO2,PIN_
SERVO3,PIN_SERVO4};

// 机械臂初始化
void robot_begin() {
```

```
  uint8_t i = 0;
  for (i = 0; i < SERVO_NUM; i++) {
    // 舵机与实际管脚进行关联
    myservo[i].attach(pin_servo[i]);
  }
}
// 机械臂复位
void robot_reset() {
  uint8_t i = 0;
  for (i = 0; i < SERVO_NUM; i++) {
    // 向舵机发送角度数据
    myservo[i].write(SERVO_RAWLOC);
    delay(50);
  }
}

// 机械臂角度调整
void robot_adjust(uint8_t index, uint8_t angle) {
  // 如果是有效的舵机编号（0 到 3）
  if (index < SERVO_NUM) {
    // 如果角度大于 180 度（angle 是无符号整数，不会小于 0）
    if (angle > 180) {
      angle = 180;
    }
    // 记录当前角度
    uint8_t i = angle_now[index];
    // 如果当前角度大于目标角度
```

```
    if (i >= angle){
      // 就从当前角度开始，每次减 5 度，直到目标角度
      while(i >= angle) {
        myservo[index].write(i);
        i-=5;
        delay(20);
      }
      // 如果当前角度不大于目标角度
    } else {
      // 就从当前角度开始，每次加 5 度，直到目标角度
      while(i <= angle) {
        myservo[index].write(i);
        i+=5;
        delay(20);
      }
    }
    // 达到目标角度后，目标角度即是舵机 index 的当前角度
    angle_now[index] = angle;
  }
}

// 函数 setup() 只执行一次
void setup() {
  robot_begin(); // 机械臂初始化
  robot_reset(); // 机械臂复位
  robot_adjust(0,60); // 手腕
  robot_adjust(1,90); // 肩膀
```

```
  robot_adjust(2,60); // 胳膊肘
  robot_adjust(3,90); // 手指
  robot_reset(); // 机械臂复位
}

// 函数 loop() 循环执行
void loop() {
}
```

文献链接

一、月球车机械臂

太空机器人最具特色的配置是机械臂和机械手，机械手位于机械臂的末端，也称为末端执行机构。机械臂和机械手是仿生产物，有了这些装置，机器人才能更好地辅助替代人类的工作。机械臂对应人的手臂，它是连接月球机器人本体和机械手的部件，重点是与月球机器人本体和机械手相互配合联动，需要进行较大范围的空间移动，自由度比较多。如果机械手设计成工具，它就可以更高效地完成某些特定的专业工作，比如钻探、攫取、切割等。当然人们可以让月球机器人同时拥有多只机械臂，或一个机械臂上装备多个机械手。

月球车所配备的机械臂与地球的机械臂在结构上并无本质区别，不过它们在特殊环境防护和可靠性、安全性方面做得更好。地球或远程遥控的机械臂及自主工作的机械臂的运动速度需要控制在一定范围内。

航天器上的遥控器机械臂对于航天员舱外活动非常重要，特别是对于大型航天器的组装，遥控机械臂起了关键作用，它不但承担搬运大型舱段和部件的任务，还成为航天员向工作位置移动身体的便利工具。

遥控机械臂端头可以安装脚固定器，航天员双脚固定在脚固定器上，随遥控机械臂缓慢运动，达到安全地向目标移动身体的目的。航天员也可以通过手握遥控机械臂端头把手的方式，使身体与机械臂相连，随着航天器舱内的航天员对机

械臂的遥控，向目的地移动身体。

二、机械手的自由度

自由度，通俗地说就是一个物体的自由程度，可以用描述这个物体的空间位置需要的独立坐标数目表示。

通常把传送机构的运动称为传送机构的自由度。人从手指到肩部共有 27 个自由度。而如将机械手的手臂也制成这样多的自由度，既困难又不必要。从力学的角度分析，物件在空间只有 6 个自由度。因此为抓取和传送在空间不同位置和方位物件，传送机构也应具有 6 个自由度。常用的机械手传送机构的自由度还多为少于 6 个的。一般的专用机械手只有 2 ～ 4 个自由度，而通用机械手则多数为 3 ～ 6 个自由度（这里所说的自由度数目，均不包括手指的抓取动作）。

机械手的每一个自由度是由其操作机的独立驱动关节来实现的。所以在应用中关节和自由度在表达机械手的运动灵活性方面是意义相通的。又由于关节在实际构造上是由回转或移动的轴来完成的，所以又习惯称之为轴。因此，就有了 6 自由度、6 关节或 6 轴机械手的命名方法。它们都说明这一机械手的操作有 6 个独立驱动的关节结构，能在其工作空间中实现抓取物件的任意位置和姿态。

讨论与分享

除了月球车外，机械臂还可以应用在哪些场景？

第五节 月球车电源系统

问题引入

说一说，设计月球车的电源系统需要考虑哪些问题？

小组活动

活动主题：

月球车太阳能帆板安装。

活动材料准备：

活动角件、1020 铝型材、2020 铝型材、L 型连接件、螺丝、T 型螺丝、螺母。

活动工具准备：

十字螺丝刀、尖嘴钳。

活动步骤：

步骤①：取两根铝型材（300）和一根铝型材（250），用 T 型螺丝将铝型材和 L 型连接件固定在一起。

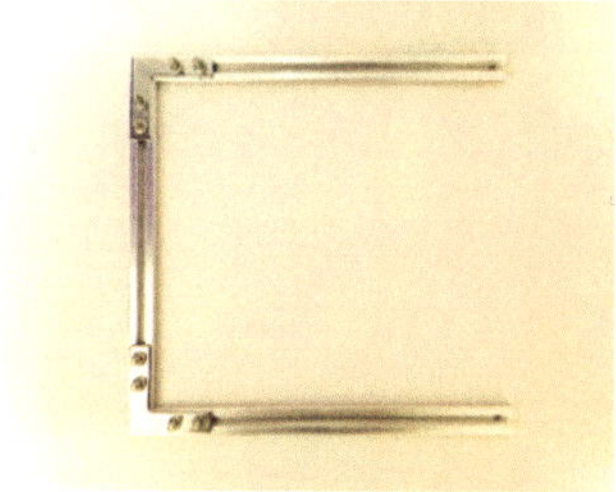

图 15-32 固定铝型材和 L 型连接件

步骤②：用螺丝将活动角件和 2020 铝型材（20）固定在一起。将 T 型螺丝卡进 2020 铝型材，穿过铝型材，用法兰螺母固定。另外一端太阳能帆板做相同处理。

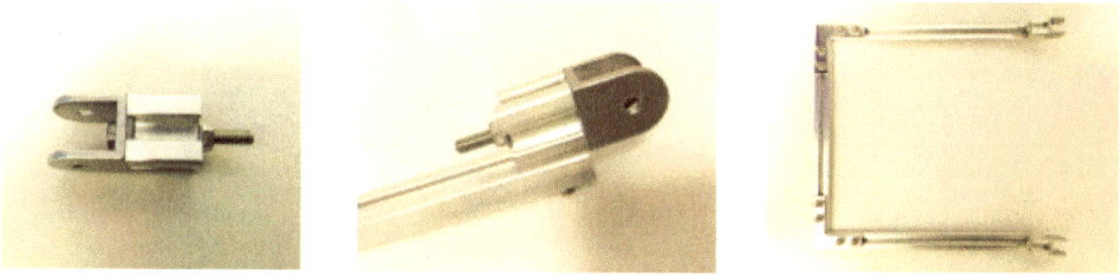

(a) (b) (c)

图 15-33 固定活动角件和铝型材

步骤③：安装太阳能帆板结构。将太阳能帆板结构上的活动角件与车体活动角件连接在一起，用螺丝固定。

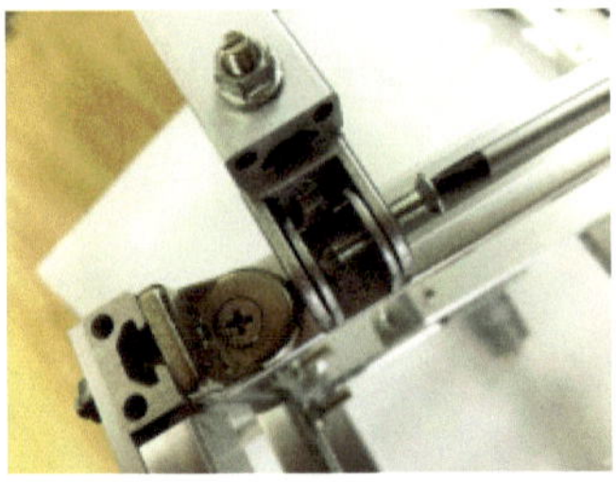

（a）

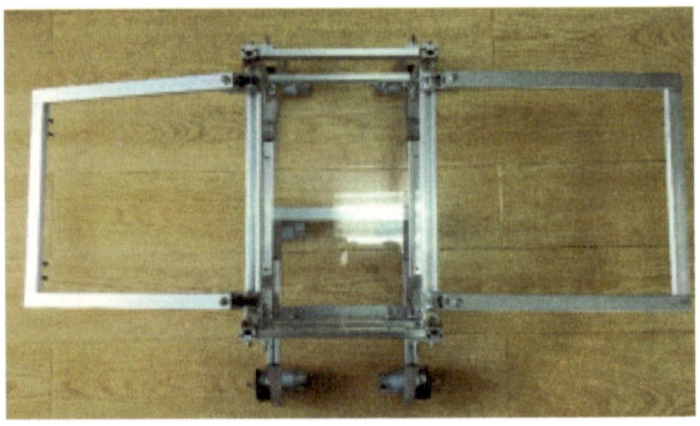

（b）

图 15-34 安装太阳能帆板

步骤④：用 T 型螺丝将铝型材与 T 型连接件固定在一起，用 T 型螺丝将 T 型连接件固定在车体结构上。

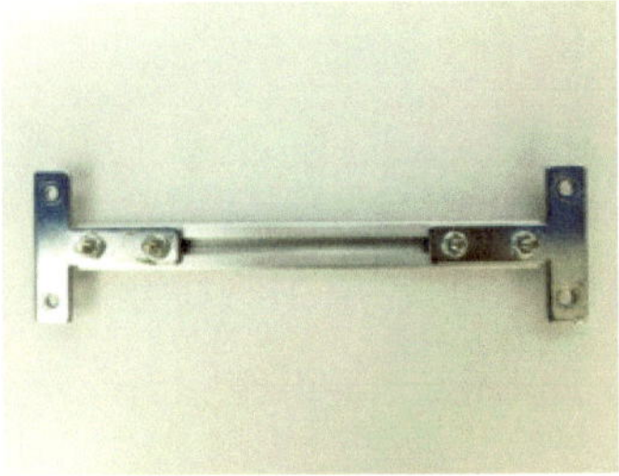

（a）

（b）

图 15-35 固定 T 型连接件与车体结构

步骤⑤：用 T 型螺丝将 2020 铝型材和 L 型连接件固定在一起，用 T 型螺丝将 L 型连接件固定在车体结构上，防止太阳能帆板张开角度过大损伤月球车，另外一端太阳能帆板做相同处理。

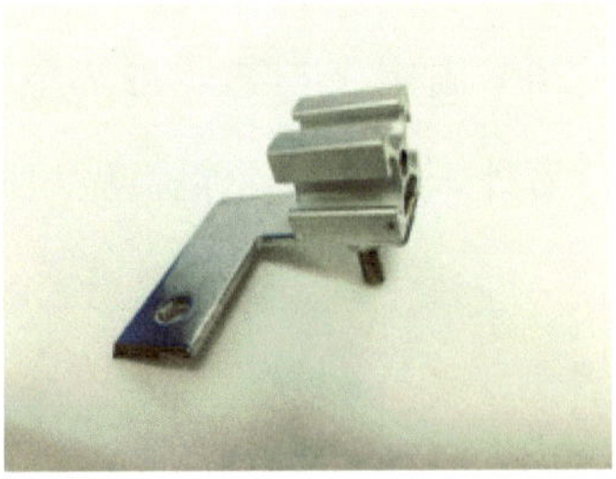

（a）

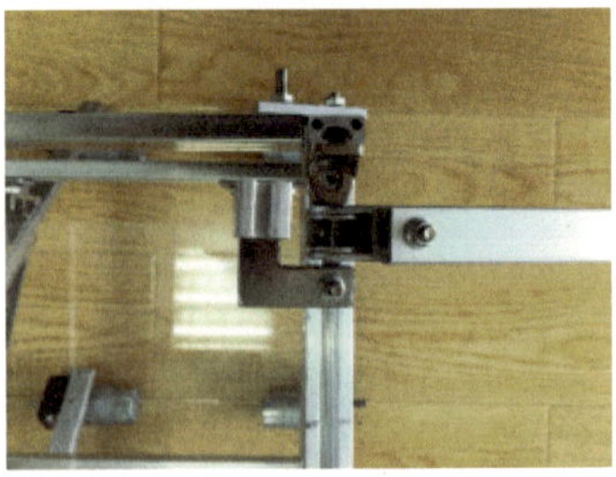

（b）

图 15-36 固定铝型材和 L 型连接件

文献链接

电源系统是航天器的重要组成部分，主要包括太阳能电池、同位素温差电池和蓄电池。任何一种航天器均需要配有一个合适而可靠的电源系统。电源系统的水平对航天器性能、可靠性和工作寿命也起着决定性作用。

太阳能电池：目前在月球上的能源几乎全部依赖太阳能，由于月球上没有空气，太阳辐射可以直射月球而不会受到阻拦和衰减，而且很容易就满足用目前的光转电技术进行太阳能发电。

传统太阳能电池：传统太阳能电池可分为（单）晶硅电池和多结砷化镓太阳电池。

（单）晶硅电池板是发展最好且最便宜的太阳能电池板，其效率从 19 世纪 50 年代的 8% 提高到了 1995 年的 14% ～ 16%。实验室电池板效率甚至达到了 20%。（单）晶硅电池技术由于其高发展水平被认为是航空航天领域较成熟的技术。

多结砷化镓太阳能电池的效率已经达到了 28%。这种电池有更低的辐射降解及温度敏感度。在与硅电池板有相同的能量和成本的条件下，砷化镓太阳能电池将更大且更便宜。

传统太阳能电池主体结构易碎，且易产生隐形裂纹，因此大多采用一层钢化玻璃作为防护，造成传统太阳能电池质量大、携带不便，抗震能力差，造价高，效率或多或少出现了下降。

柔性薄膜太阳能电池：一般是指在柔性基层材料上制备的非晶硅太阳电池。非晶硅具有比晶硅高一个数量级的光吸收系数，厚 1 微米的非晶硅就能吸收阳光中的 90% 的能量，而晶体硅的厚度则需要 100 ～ 300 微米，这一特性决定了柔性非晶硅太阳电池的整体厚度约为 8 ～ 50 微米，因此整个电池的质量会非常轻。

蓄电池：又称为二次电池，它不仅能将储备的化学能转换为电能（这一过程称为放电），而且当参加反应的物质以电能的形式释放完活性之后，再用充电器对它输入直流电能（这一过程称为充电），又可将已损耗的活性物质复活。因此，蓄电池是储能设备最好的选择。

鉴于锂离子电池环境适应性好、比能量高，安全性高和小型轻量化等优势，美国已将锂离子电池在空间的应用研究列入了 21 世纪新卫星计划中。针对锂离子蓄电池所具备的特点，其更适宜应用在航天服、月球车等活动中。

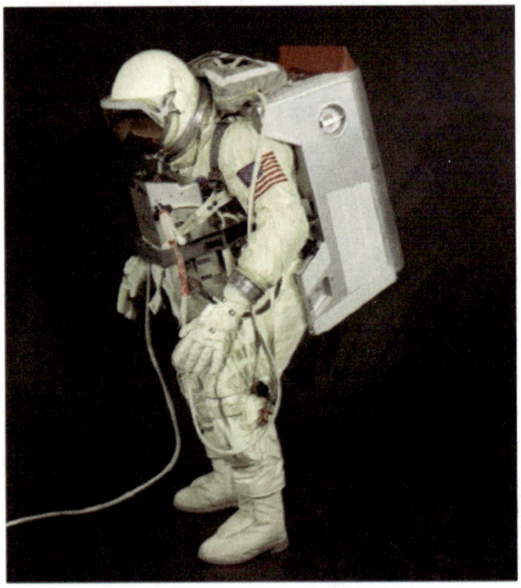

图 15-37 适宜航天服的锂离子电池

同位素温差电池：太阳电池阵—蓄电池组组合是目前应用最为广泛的卫星电源系统，但月球日照面和阴影面温差极大，月夜长达 14 个地球日，这段时间里太阳电池不能为蓄电池充电，放射性同位素温差电器是最佳的供电供热部件。因此，月球车一次电源工作方式为太阳电池阵—蓄电池组—放射性同位素温差发电器联合供电，进而维持电源系统持续、正常地供电，且能够按照要求进行不同模式的顺利切换，实现月昼时期由太阳电池阵—蓄电池组向负载联合供电，月夜时期由放射性同位素温差发电器提供负载功率。

在放射性同位素温差电池的工作过程中，放射性同位素产生热能；温差电换能器将该热能直接转换成电能。从放射性同位素发射出来的高能带电粒子和 γ 射线通过与物质发生相互作用，最终被吸收，这时射线的动能转变为热能，使与之发生作用的物质温度升高。

第六节 评估与总结

评估测试题

1. 请你概述月球车运动方式。

2. 请你查一查机械臂在日常生活中的应用。

3. 请你思考月球车电源系统有没有需要改进之处。

本章总结

本章我们学习了月球车车体结构和组装、月球车电子控制系统、月球车运动系统、月球车机械臂、月球车电源系统。以下几个重点，一起来回顾吧！

◆“玉兔号”的移动分系统，它是采用 6 轮主副摇臂悬架的移动构形，由车轮、摇臂和差动机构等组成，那么车轮、摇臂和差动机构之间就相互联系和共同配合，因此可 6 轮独立驱动，4 轮独立转向，相当于一台智能机器人。

◆ 月球车电子控制系统是整个月球车系统的核心之一，负责对月球车进行全面指挥与控制，必须保证其与其他系统之间的不间断通信，从而保证月球车的正常工作。

◆ 电源系统是航天器的重要组成部分，主要包括太阳能电池、同位素温差电池和蓄电池。

第十六章
月球车月球探测任务

对月球地形的测量是20世纪90年代以来国际月球探测的主要科学目标之一。月球地形为揭示月球的内部结构及其演化提供了重要信息。

高精度全月球地形图为进一步进行月球的地形地貌构造、内部结构和演化研究提供了可靠依据；在此基础上获得的高精度月面控制点，也为着陆点、月球基地等的选择提供了基础数据和科学依据。

本章我们将设计并制作虹湾区月面地形模型（虹湾区），完成活动：月球车探测。

第一节 设计并制作虹湾区月面地形模型

问题引入

回顾之前所学知识，说一说月球的地形地貌及环境特点。

小组活动

活动主题：

设计制作虹湾区月面地形模型。

活动材料准备：

珍珠棉、刻刀、剪刀、直尺、草稿纸。

活动过程：

根据所学知识，查找资料组内讨论虹湾区月面地形特点；根据虹湾区月面地形特点进行月面模型设计，要求月面应包含多种地形条件，所选月球地面地形应具有代表性，要保证月面足够崎岖；将讨论确定内容通过设计图表现出来，进行全班展示;班级内进行评选，选出公认最优的设计图纸（比例、形状、可实施性等)；班级协作完成虹湾区地形模拟、探测点及探测项目设计。

设计图纸

文献链接

一、探月工程中选择虹湾区的原因

虹湾地区在月球北纬 43° 左右，西经 31° 左右；南北长约 100 千米，东西长约 300 千米。虹湾区是着陆区的第一选择点。着陆区选点有几个要求：第一要保证安全，所以必须考虑那里的地形地貌，虹湾区是一大片平地，降落比较容易；第二要考虑能源供应；第三，通信要畅通，不能找一个地方，结果和国家联系不上。此外还要选在别人没去过的地方。

二、虹湾区的地形地貌特点

虹湾（Sinus Iridum，意为“彩虹之湾”）是月球雨海西北部延伸出来的一个玄武岩平原。它从东北部到西南部由侏罗山所包围。虹湾在西南部突出的区域称作赫拉克利德角，东北部称作拉普拉斯角。

虹湾以及其周围的山脉被认为是月球上最美的特征，被月球观测者们所钟爱。虹湾地区没有较显著的环形山，但是在南部有卫星环形山赫拉克利德 E 环形山（Heraclides E）、东部有拉普拉斯 A 环形山（Laplace A）、北部有比安奇尼 G 环形山（Bianchini G）。虹湾地区很平坦，但有一系列纹脊。虹湾的月面坐标为北纬 44.1°，西经 31.5°，直径 236 千米。

虹湾位于雨海的西北角，雨海是月球上布满整个雨海撞击盆地的辽阔月海。关于月海，简单地说就是撞击形成的盆地，之后被盆地之下上涌的玄武岩岩浆填充之后形成的地形单元。为什么会被玄武岩岩浆填充？通俗地理解，就是因为撞击作用太猛烈，以至于把月壳砸穿了，结果深部的岩浆涌出来了。

撞击盆地周围都会有高耸的一圈山脊作为边缘，根据虹湾和雨海的位置关系，可以很清楚地知道雨海盆地在虹湾之前就形成了。关于雨海的形成，目前普遍认为是距今 38.5 亿年左右的一次撞击事件后形成的。那次撞击事件被称为“雨海事件”，是月球地质史上雨海纪的开端。雨海盆地形成之后，在它的西北边缘上，又发生了一次天体撞击事件，从而形成了虹湾盆地。

两个盆地都形成了，接着就是漫长的玄武岩喷发和填充的过程了，最后形成了现今的样子。

从地层岩性和年龄上可以看出，虹湾里月海玄武岩的年龄普遍比雨海里的要老。如何填充的？在晚雨海纪，月海玄武岩岩浆开始从雨海内部开始喷发并向周围蔓延填充，有一部分就蔓延至虹湾填充成现在这个样子，之后爱拉托逊纪喷发出的月海玄武岩岩浆只蔓延至虹湾东南缘就停下来冷凝成岩了。所以也造成了虹湾从南东到北西逐渐降低的地形。

第二节 月球车月面探测

问题引入

我们应该参加了很多项比赛，那么你知道从组委会的成立到大赛规则及评分标准的制定是什么流程吗？

小组活动

活动主题：

月球车探测月面比赛。

活动建议：

比赛规则的制定：方式可以多样，如每组推荐一位同学组成大赛组委会，由组委会共同商议决定比赛规则的制定及比赛的判罚标准；也可以是每组出一个比赛标准，班级选出公认最合理的比赛标准，并全班推选出最具权威性的三位成员作为比赛的裁判；也可以邀请权威的专家作为比赛的裁判。

如选择每组制定比赛标准班级公选的方式，需要每个制定标准的小组根据标准进行宣讲并接受班级内其他小组的问询。

在比赛规则制定时，应当充分考虑选出的月面的情况，如月面地形中包含了多个不同类型的地形，可以规定拍摄每个地形的情况；也可以选择利用月球车将指定物品运送到指定地点；还可以在指定地点存放物品，驱动月球车使用机械臂将该物品运送回来；还可以在指定地点存放不同湿度的物品，驱动月球车前往测量该物品的湿度；其他测评方式可以通过小组讨论向大赛组委会提交提议。

在比赛规则制定时，可以考虑进行时间限制，也可以考虑次数限制、参赛人员限制等。

为使竞赛规则制定得科学、合理，保证竞赛的质量，在制定时应遵循可行性原则、公平性原则和稳定性原则。可行性原则指竞赛规程所提出的比赛组织方案和内容，必须从当时的实际情况出发，做到切实可行。公平性原则指竞赛规程是参加者共同遵守和执行的规范与准则，其内容应使全体参加者在客观条件相同的前提下展开竞赛。稳定性原则指竞赛规程一经公布，就应相对稳定，不能随意更改。若规程中确有不合理的内容需要修正或补充时，须经制定部门尽可能在比赛前进行修改。

大赛组委会应该在比赛开始之前制定好比赛评审规则及打分项，将其下发到每个参赛小组，组委会有义务为各个参赛小组进行比赛规则的解释。

活动过程：

采取一定的方式组建大赛组委会。

组委会成立以后负责比赛规则及评分标准的设定，标准的解释等。

将比赛标准下发到各参赛小组，并规定开始比赛的时间。

进行比赛。

按照评分标准选择出较为优秀的参赛队伍进行校内或线上媒体展示。

第三节 评估与总结

评估测试题

1. 请你概述虹湾区的特点。

____

____

____

2. 请你查一查是谁最先发现虹湾区。

____

____

____

3. 请你思考如何优化虹湾区月面地形模型。

____

____

____

本章总结

本章我们设计并制作虹湾区月面地形模型，完成了活动：月球车探测月面比赛。以下几个重点，一起来回顾吧！

◆ 对月球地形的测量是 20 世纪 90 年代以来国际月球探测的主要科学目标之一。月球地形为揭示月球的内部结构及其演化提供了重要信息。

◆ 虹湾区是着陆区的第一选择点。

◆ 虹湾区位于雨海的西北角，关于月海，简单地说就是撞击形成的盆地，之后被盆地之下上涌的玄武岩岩浆填充之后形成的地形单元。